現代戦略論

戦争は政治の手段か

道下徳成
石津朋之
長尾雄一郎
加藤 朗

keiso shobo

序

われわれは今、「戦争の世紀」と呼ばれた二〇世紀をあとにして、新たな世紀を迎えようとしている。しかし、二一世紀が「新たな戦争の世紀」になるのか、それとも「真に平和な世紀」になるのか、そして、この新しい時代に軍事力がいかなる役割を果たすことになるのかについてわれわれは明確な展望をもっていない。一〇〇年前、二〇世紀を迎えようとしていた日本は、新たな世紀に軍事力が果たす役割に明るい希望を抱いていたのではないか。日清戦争に勝利を収めた日本は、極東の新興大国としての地位を築き、「坂の上の雲」をめざして歩みつつあった。大国としての日本の国際舞台進出に軍事力は決定的な役割を果たしたのである。しかし、再び世紀末にさしかかった日本は、軍事力に対して前回ほどの確信をもってはいない。二〇世紀前半の大きな失敗は、日本人が抱いた無邪気な期待を完膚無きまでに打ちのめしたのである。

二〇世紀は極めて二面的な時代でもあった。現代に生きる日本人にとって、二〇世紀を「戦争の世紀」とする形容は、多少居心地の悪さを感じさせるものであろう。日本人にとって、二〇世紀は戦争の世紀であったと同時に未曾有の繁栄の世紀であり、「平和の世紀」でもあったからである。今世紀の後半において、日本人は軍事力に代わる「経済力」という答えを見つけることに成功したのである。

しかしながら、不幸にも二〇世紀最後の一〇年になって、日本人は自分たちが出した二つ目の答え――経済力――が必ずしも万能薬とはなりえないことを薄々気づき始めることとなった。九〇年に始まった湾岸危機、九三年、九四年の朝鮮半島危機、九六年の台湾海峡危機、そして九八年の北朝鮮によるミサイル発射という一連の動きは、日本国民の認識に多大な影響を与えた。また、グローバリゼーションの波は、日本も国際社会の一員であり、自国の安全保障だけでなく、グローバルな安全保障にも関与していかざるをえないという事実から目を背けることを不可能にしている。日本人は、二一世紀を迎える今、「軍事力の役割」についての新たな答えを出すことを迫られているのである。

かつてクラウゼヴィッツは「戦争は外交とは異なる手段を用いて政治的交渉を継続する行為にすぎない」と指摘した。しばしば誤解されるが、クラウゼヴィッツは「戦争は常に政治の手段である」と主張していたのでも、戦争を特に好ましい政策手段であると考えていたのでもない。彼はただ、「戦争は政治の手段であるべきである」という規範的主張を展開していただけなのである。また、彼のいう「政治」は国内政治ではなく国際政治を指しているのであり、戦争が国内政治の手段として政治家に利用されるのをよしとしているわけではないことも明白であろう。彼の格言をより一般化した上で現代的に解釈すれば、「軍事力は、国際政治上の問題に対処する、あるいは好ましい国際関係を形成するという政治目的を達成するためのひとつの手段であるべきである」ということになろう。このような解釈は、新世紀に向けてわれわれが改めて「軍事力にいかなる役割を付与すべきか」という問いに取り組むにあたって有益な示唆を与えてくれるであろう。

クラウゼヴィッツは一七八〇年に生まれ、一八三一年に没した。つまり、われわれと同様、彼も世紀の転換期を生きた人物である。しかし、いうまでもなく今日の世界は彼が生きた時代とは大きく異なっている。クラウゼヴィッツが生きた時代は国民国家の揺籃期であったが、今日、少なくとも先進地域には成熟した国民国家が成立している。そればかりか、国民国家はすでに衰退に向かっているとの説さえ散見される。国際規範の変化により、戦争の位置づけも大きく変化した。クラウゼヴィッツの時代には比較的自由に用いることのできた軍事力という手段も、現在では国際社会の厳しい監視のもとで、洗練された国際法に則って行使されなければならなくなった。世界で最も強大な国家でも、国際的正統性を無視して武力を行使することは不可能なのである。また、一八三〇年代以降の急速な技術の発達によって、クラウゼヴィッツの時代には陸と海の二次元平面であった軍事力行使の場は、空・海中を含む三次元空間に広がった。そして現在進行中の情報技術革命によって、それはさらに五次元にまで拡大しようとしている。

軍事力の役割と戦争の形態は時代とともに変化する。だが、いずれの時代においても「戦争は政治の手段であるべきである」「軍事力は、国際政治上の問題に対処する、あるいは好ましい国際関係を形成するという政治目的を達成するためのひとつの手段であるべきである」という規範的主張がその有効性を失うことはないであろう。本書は、こうしたクラウゼヴィッツの命題を受け継ぐものであり、四人の執筆者がそれぞれ異なる角度から、クラウゼヴィッツの命題の現代的意味を探求しようと試みたものである。従って、本書に収められた五編の論文は相互に緊密な関連性をもっている。

まず、第一章「政治と戦争」（石津朋之）は、クラウゼヴィッツの命題をめぐる多様な議論を包括的に検討するものであり、戦争を理解するためには「政治」「軍事」「国民」「技術」「時代精神」といった少なくとも五つの要素について考察を進める必要があると指摘する。具体的には、第一に、戦争は、外交とは異なる手段を用いて政治的交渉を継続する行為にすぎないといった理念、あるいは規範論を提示する。次に、戦争における「決定的勝利」の問題を考察する。戦争における「決定的勝利」とは何を意味するものなのか、また、現実にそのような勝利は達成可能であるのかといった問題を中心に、政治目的と戦争における勝利との関連が強調される。最後に、本章は戦争の将来像を提示する。そこでは、「将来においても戦争は政治の一手段たりうるのか」という問題意識のもと、戦争の将来像を解明するための手掛りとされる諸概念を検討した後、戦争は人類に常につきまとう社会現象であり、それゆえ、その根絶を求める衝動は理解できるとしても、現実には戦争を「飼い慣らす」以外にないという結論が導き出される。

第二章「軍事力の担い手の過去と将来」（長尾雄一郎）は、国家の軍事力行使の担い手である国軍が将来とも、軍隊の主流の地位を占めるのかという問いに取り組むものである。近代国家が成立した後にも、常備軍以外に傭兵や私拿捕船など多様な形態の武装集団が存在したのであり、国家が物理的暴力の正当な独占者——その正当な担い手が国軍——となったのは、一九世紀に入って国民国家が成立して以降のことである。われわれが現在、慣れ親しんでいる軍事力の担い手としての国軍の成立は歴史的に見れば新しい出来事なのである。本章は、主権国家から構成される国家間システムの成熟に伴って国軍以外の軍隊が消えていった経緯を明らかにし、二一世紀を迎える現在においても、依然として国家間システムが強力に作用している以上、見通しうる将来にわたって、国軍が武装集団の中でも最も正当な武装集団のあり方として存続しつづけるという展望を提示する。

第三章「政軍関係とシビリアン・コントロール」(長尾雄一郎)では、政治指導の担い手である政府と軍事力行使の担い手である軍の関係、すなわち政軍関係を検討する。「戦争は政治の手段であるべきである」という命題に従えば、政府が軍を掌握している政軍関係が確立していなければならない。それによって戦争を外交—軍事戦略的合理性に従わせることができるはずである。けれども、国民国家の時代においては、クラウゼヴィッツが自ら体験したように、国民の激情によって戦争が当初の政治目的を超えてエスカレートすることがありうる。クラウゼヴィッツは、国民の登場が戦争に与える意味合いを鋭く認識したから、政府、軍隊、国民の三つの要素が三位一体のごとく相互に作用をするなかで戦争が展開されるとする三重構造論を提示しえたのである。さらに問題を複雑にしているのが、現代においてシビリアン・コントロールが政軍関係を規律すべき原則となっていることである。この原則は、主権者が国民であることを背景にリベラル・デモクラシーの観点から定められた国内政治上の原則であり、決して外交—軍事戦略次元の合理性を追求する観点から形成されたものではない。そのため、ここには政治的知性が戦争を導くべきだとするクラウゼヴィッツの命題と抵触する可能性が潜んでいる。本章では、シビリアン・コントロールの原則とその背後の理念を詳細に検討し、その重要さの故にシビリアン・コントロールか、外交—軍事戦略的合理性のいずれを選ぶべきかという安易な問題設定をしてはならないと指摘し、政軍関係に潜む難題を克服する鍵は最終的には政治指導者にあると訴える。何が適切な政軍関係であるかという問いに対する一義的な解答は存在しない。それは、厳しい政治的実践の中で政治指導者がそのつど答えを出すしかない永遠の課題なのである。

第四章「情報技術革命と戦争の将来」(加藤朗)では、情報技術革命が兵器体系を飛躍的に進歩させた結果、戦争の仮想現実化、倫理化、管理化をもたらしつつあることを考察する。戦争の仮想現実化とは、情報技術革命の結果、電脳空間が新たな戦闘空間となり、コンピュータのソフトウェアを電脳兵器として使用する戦争が可能になったことである。戦争の倫理化とは、情報技術革命の成果である精密誘導兵器により、厳密な法にのっとった倫理的な戦争が可能になったことである。戦争の管理化とは、情報技術革命に基づく軍事力で他国を圧倒している米国がパックス・アメリカーナを維持するために、国益に基づき世界の戦争を選択的に管理しつつあることである。情報技術革命は将来の戦争の様相を一変させるであろう。例えば、情報技術革命によって先進諸国間の戦争の可能性は著しく低下するであろう。先進国と発展途上国間の戦争は、情報技術応用の兵器を使用する先進国の「警察行動」的な制限戦争となるであろう。一方、情報技術で後れをとる発展途上国間では、旧来の通常兵器による無制限戦争となる可能性が高い。かくして情報技術革命は兵器体系や戦争の形態を変え、われわれの戦争と平和観さえも変えていくであろう。

最後に、第五章「戦略論の将来」(道下徳成)は、戦略論が再調整の必要に迫られているとの認識に基づき、二一世紀における軍事力の役割をよりよく考究するための理論的枠組みを提示する。近年頻繁に見られるようになった先進諸国による武力行使や、日本周辺の軍事的示威行動などを冷戦期の理論で理解することは困難である。冷戦期における西側の戦略論は、ソ連封じ込めという政治目的に基づき、もっぱら抑止を対象とするものであった。しかし、ポスト冷戦期における西側先進国の政治目的と軍事戦略の関係は、冷戦期に比べてはるかに多様かつ複雑なものとなった。「封じ込め」のような包括的な政治目的は失われ、現在では冷戦期には考えもつかなかったような目的のために軍事力が用いられている。軍事戦略の面でも抑止が主役となる時代は終わった。最近では、敵に特定の行動を強いるという強要、ひいては直接的な武力行使さえもが先進諸国の重要な関心事となっている。湾岸危機時の多国籍軍の行動やコソヴォにおけるＮＡＴＯの作戦などはその典型である。本章は、このような新しい戦略環境のなかで政治と軍事の関係を正確に理解するために「政治目的」「軍事戦略」「ターゲティング戦略」という三つの理論的枠組みを使用することを提案する。この枠組みは「軍事上の革命（Revolution in Military Affairs、以下ＲＭＡ）」や「非対称戦争」をどのように理解すればよいのか、ＰＫＯなどの協力的な軍事力の使用を戦略論のなかにどう位置づけるべきかといった問題に対しても回答を提示するであろう。

それでは、本書に収められた論究を通じ、読者諸賢とともに、「戦争は政治の手段であるべきである」という命題を検討し、「二一世紀において軍事力は政治の手段たりうるか」という問いかけに対する答えを模索していきたい。

目次

序

第一章　政治と戦争　1
はじめに　1
第一節　戦争について　3
（一）政治の延長としての戦争　3
（二）クラウゼヴィッツ批判——戦争は本当に政治的営みであるのか　10
（三）それでも戦争は政治の延長である　14
第二節　戦争の「決定的勝利」について　16
（一）「決定的勝利」とは何か　16
（二）「決定的勝利」獲得の条件　19
（三）再び戦争について　23

第三節　戦争の将来像について　25
（一）戦争の蓋然性について　25
（二）戦争の将来像を探る視点　33
（三）三たび戦争について――戦争を考察するための五つの視点　40
おわりに　43

第二章　軍事力の担い手の過去と将来　47
はじめに　47
第一節　国軍以外の軍隊　49
（一）傭兵　50
（二）私拿捕船　51
（三）商社の軍隊　53
第二節　国民国家　54
（一）国軍以外の軍隊の消滅　55
（二）国民国家と「国内の平定」　59
第三節　将来の軍隊　60
（一）相反するヴィジョン　61
（二）近代国家と国家間システム　64
（三）軍隊の主流でありつづける国軍　66

（四）先進国における国軍の役割　69
おわりに――国民国家システムの維持に向けた軍事力　70
第三章　政軍関係とシビリアン・コントロール　73
はじめに　73
第一節　軍による政治権力の掌握　75
（一）役割構造の撹乱　76
（二）衛兵主義の政治　77
（三）規範的概念としてのシビリアン・コントロール　79
第二節　先進諸国におけるシビリアン・コントロール　80
（一）英国　81
（二）大陸諸国　82
第三節　シビリアン・コントロールの中心的理念　85
（一）リベラル・デモクラシー　85
（二）政治統制とシビリアン・コントロール　86
（三）英米両国のシビリアン・コントロール　87
第四節　新たに何が問題とされているのか　90
（一）シビリアン・コントロールのルネッサンス　90
（二）政軍指導部の共同責任論　92

（三）新たな問題の予兆　94
おわりに――再び、政府、軍隊、国民の三重構造体について　96

第四章　情報技術革命と戦争の将来　99
はじめに　99
第一節　戦争の仮想現実化　102
（一）新たな戦争の出現　102
（二）電脳戦の特徴　105
第二節　戦争の倫理化――「厳密な法の復活」　107
（一）大量破壊から少量破壊へ　107
（二）少量破壊の倫理　112
第三節　戦争の管理化　116
（一）「情報の傘」による一極支配　117
（二）孤立主義的世界大国　120
（三）一極支配への反発　123
第四節　戦争の将来　127
（一）絶対戦争・制限戦争と兵器　127
（二）コンクリート爆弾と戦争の将来　130

おわりに　134

第五章　戦略論の将来　139
はじめに　139
第一節　戦略理論について　140
（一）戦略理論の意義　140
（二）分析の枠組み　142
第二節　政治目的について　143
第三節　軍事戦略について　145
（一）手段としての軍事力の位置づけ　145
（二）軍事戦略の種類　149
（三）リスク戦略　156
（四）直接的効果と一般的効果　161
第四節　ターゲティング戦略について　163
（一）軍事目標の分類　163
（二）三つのターゲティング戦略　165
第五節　ポスト冷戦期の戦略環境——三つの枠組みによる分析　175
（一）政治目的　175
（二）軍事戦略　177

（三）　ターゲティング戦略　179
おわりに――新しい戦略論の枠組みと軍事力の将来　182
本文注　187
おわりに　218
人名索引
事項索引

第一章　政治と戦争

はじめに

二〇世紀は戦争の世紀であったとしばしば言及されるが、他方で、戦争が人類の大きな営みのひとつとして有史以来の社会現象であることも事実である。また、最近では、核兵器の登場と戦争に対する人類の「世界観（Weltanschauung）」の変化に伴い戦争の負の側面が強調される傾向にあるが、同時に、例え結果的であれ、戦争が人類の進歩と社会の発展に貢献したことも否定できない事実のように思われる。例えば、最近の研究では、二〇世紀において戦争の生起と植民地解放や住民の自治権拡大のプロセスには密接な相関関係が見られることが認められており、さらには、戦争と普通選挙法の普及との関連や戦争と福祉や人権の拡大との相関関係も大きいことが証明されつつある。また、戦争が技術の急速な進歩を齎《もたら》した事実を否定する者も殆どいないであろう。

戦争は破壊を齎《もたら》す一方で「創造の母」でもある。すなわち、戦争は偉大な文化や文明を一瞬のうちに消し去るとともに、新たなものを生み出す契機ともなる。戦争によって偉大な芸術や文学が葬り去られる一方で、戦争は、新たな芸術や文学の誕生を齎す大きな源とさえなる。また、戦争は人類に悲しみを齎すと同時に、ヒロイズムを喚起する。

すなわち、人類は戦争によって死と隣り合わせの立場に置かれるが故、皮肉にも生の喜びを再認識し、戦争という非合理な現象に対して日常では味わうことのない高揚感を覚えるのである。また、戦争は人類に苦難に満ちた記憶とともに過去へのノスタルジーすら呼び起こさせることになる。さらには、人類は戦争を嫌悪すると同時に、戦争という国内・国際社会での対立に決着をつけるための制度を、有効な政治の一手段として利用する。本章は、以上のように相矛盾する社会現象としての戦争を、敢えて政治的文脈のもとで捉えることで、そのヤヌスの表層に隠された本質にまで迫ろうとする試論である。

本章では、第一に、戦争は外交とは異なる手段を用いて政治的交渉を継続する行為にすぎないといった理念、いうなれば規範論が提示される。戦争とは優れて社会的現象であり、その研究対象は政治の領域に留まるものではない。そのため、戦争については狭義の政治学を超えて社会学や心理学、さらには生物学といった観点からも多彩な研究が続けられているのである。確かに、政治的側面への視点を欠いた戦争がただの無意味な暴力行為にすぎないこと、また、政治的観点を考慮しない戦争研究が空虚な徒労に終わるであろうことも、戦争を巡るもうひとつの真実なのである。

第二に、本章では戦争における勝利の問題が考察される。ここでも、戦争での勝利とは実際に何を意味するものなのか、また、その勝利とは現実に達成可能であるのかといった問題を中心に、政治と戦争での勝利との関連が強調されるであろう。仮に、戦争が政治に内属するものであるならば、当然ながら、戦争での勝利という問題は政治的文脈のなかで検討されるべきものになる。

最後に、本章では戦争の将来像を描く。そこでは、将来においても戦争は政治の一手段足りうるのかといった問題意識のもと、戦争の将来像を解明するための手掛りとされる諸概念が紹介された後、戦争は人類にとって不断の社会現象であり、それ故、その根絶を求める衝動は理解できる一方で、実際の対応策としては戦争を「飼い慣らす」以外にないという、極めて現実的な結論が導き出されるであろう。

第一節　戦争について

本節では、クラウゼヴィッツの『戦争論』を手掛りに、主として国際政治学の立場から政治と戦争の関係を考察する。また、『戦争論』が誤読され続けるなか、クラウゼヴィッツの立場をほぼ正確に継承したデルブリュックの議論を詳述した後、政治の延長としての戦争といった伝統的戦争観に対する批判的考察が試みられる。そこでは、過去の具体的な事例を引用しながら、歴史上、はたしてどの程度戦争が政治目的を達成するために遂行されてきたのかという根本的な問題に触れる。最後に、戦争は外交とは異なる手段を用いて政治的交渉を継続する行為であるべきであるといった規範論を、近代主権国家システムの登場以降の国家政策、とりわけ、核兵器との共存時代における国家運営の立場から展開する。

（一）　政治の延長としての戦争

プロイセンの戦略思想家、クラウゼヴィッツは『戦争論（*Vom Kriege*）』のなかで、「戦争は外交とは異なる手段を用いて政治的交渉を継続する行為にすぎない（Der Krieg ist eine blosse Fortsetzung der Politik mit anderer Mitteln.）」[(1)]と指摘した。周知の通り、『戦争論』はクラウゼヴィッツの死後、親族らによって編集された遺作集の一部として出版されたものであり、その意味では、未完成の文献であった。そのため、『戦争論』は本当にその内容がクラウゼヴィッツの意図通りに整理されているか疑わしく、また、その記述内容には多くの矛盾点が残されたままになっている。だが同時に、彼の死後に発見された『戦争論』執筆に関する「方針（Nachricht）」やメモを手掛りにすれば、クラウゼヴィッツが『戦争論』を執筆した意図と背景がある程度理解できることも事実である。(2) 例えば、確かに「方針」には、『戦争論』は「まだかなり不備な原稿であって、いま一度全面的に改訂する必要がある(3)」と記されている一方で、この「方針」よりも時期的にはかなり後に書かれたと思われるメモには、「要するに、完全とみなすことができるのは（『戦争論』の）第一篇第一章だけである。少なくともこの章は、私が本書全体に与えようとした方向性を理解するためには有益である(4)」とある。実際、戦争の本質に関するクラウゼヴィッツの主要な論点は、『戦争論』の第一篇第一章からだけでもほぼ正確に理解できる。それ故、以下、『戦争論』の第一篇第一章の記述を手掛りにして政治と戦争の関係について考察を進める。

右述の「方針」でも明示されているように、クラウゼヴィッツは『戦争論』のなかで、戦争には二種類の理念型が存在すること、そして、戦争は他の手段を用いて継続される政治的交渉にほかならないという二つの問題意識のもと、「戦争における諸般の現象の本質を究明し、これら現象とそれを構成している種々の要素の性質との連関を示そう(5)」としたのである。すなわち、『戦争論』でのクラウゼヴィッツの究極の目的は、それまでの膨大な歴史研究を基礎にして戦争それ自体の分析を試みること、また、その過程で戦争の本質を抽象化することであった。

クラウゼヴィッツは戦争の本質を「拡大された決闘」と捉えている。つまり、戦争は一種の強力行為であり、その旨とするところは相手に自分の意志を強制することにある。また、戦争は常に生きた「力」の衝突であるので、理論的には相互作用が生じるのは不可避であり、それは必ず極限にまで到達するはずであった。以上のような論理から、クラウゼヴィッツは戦争の原型、すなわち、「絶対的戦争」という概念を導き出したのである。しばしば戦争が「自己目的化」する傾向にあるのは、正にこの理由による。次に、クラウゼヴィッツはこの戦争の原型から必然的に導き出される帰結として、戦争の本質を敵戦闘力の殲滅に見い出したのである。だが、同時にクラウゼヴィッツは、戦争がそれ自体で独立した現象でないことにも気付いており、戦争には現実における手直し、すなわち、「制限的戦争」

が生まれると指摘する。簡単ではあるが、以上がクラウゼヴィッツによる二種類の戦争の理念型、すなわち、理論上の「絶対的形態」と現実における「制限的形態」である。

『戦争論』でのクラウゼヴィッツの議論には、特筆に価する事項が多数含まれているが、(6)そのなかでも政治と戦争の関係に注目する際にひときわ重要視されるものとして、戦争が政治に内属するものとの位置付けを与えたこと、すなわち、戦争を政治の文脈のなかに組み入れて議論したことが挙げられる。クラウゼヴィッツによれば、戦争は政治的行為であるばかりでなく政治の道具であり、敵・味方の政治的交渉の継続にすぎず、外交とは異なる手段を用いてこの政治的交渉を遂行する行為なのである。彼の論理に従えば、当然、政治的意図が常に「目的」の位置にあり、戦争はその「手段」にすぎない。すなわち、戦争は政治の一表現形態にほかならないのである。また、そうであるからこそ、この政治の役割が、論理的には「絶対的形態」という極限を目指すはずの戦争を抑制する最も重要な現実的要素とされるのであった。(7)クラウゼヴィッツが『戦争論』で「戦争がそれ自身の文法を有することはいうまでもない。しかし、戦争はそれ自身の論理を持つものではない(8)」と述べたのは、正にこの戦争の政治性に注目した結果なのである。

ところで、クラウゼヴィッツとほぼ同時代のスイスの戦略家、ジョミニの政治と戦争の関係に対する見方は、当時の一般的軍人が抱いていた戦争観を知るうえで大変興味深い。何故なら、例えばジョミニは、いったん戦争が勃発すれば戦争の領域が政治に優越すべきであると明言しているからである。すなわち、戦争は軍人の専権事項であるとしたのである。戦争観を巡るこの両者の相違は根源的かつ決定的であるが、いうまでもなく、当時はジョミニの見解が当然の如く受け入れられていたのである。さらに踏み込んでいえば、時代を超えて軍人には、例えクラウゼヴィッツの信奉者を自認する者でさえ、『戦争論』の重要な警句、すなわち、「戦争における重大な企てとかかる企ての計画を純軍事的な判断に任せてよいといった主張は、政治と軍事を明確に区別しようとする許し難い思考であり、それ以上に、有害でさえある」[9]という指摘を軽視する傾向があることは否定できない。モルトケ、シュリーフェン、ヒンデンブルグ、そしてルーデンドルフに代表されるドイツ軍人の一般的な戦争観は、これを見事に物語っている。

また、ジョミニは戦争を社会的・政治的現象として理解しようとしていない。ジョミニが政治と戦争の関係を正確に把握していないのであれば当然ともいえるが、例えば、ジョミニはナポレオンの偉業をフランス革命のエネルギーを軍事目的に有効活用した事実に求めるのではなく、戦争の科学的「原理」を見抜き、それを自身の戦争に応用した点に求めている。すなわち、「原理」の存在を絶対的なものとして信奉するジョミニは、ナポレオンを単にその「原理」の忠実な遂行者としてしか捉えようとはしないのである。[10]それ故、ジョミニはフランス革命が齎した社会的・政治的意義をほぼ捨象し、「原理」に基づく直線的な議論に終始している。同様の理由で、ジョミニはスペインでの対仏ゲリラ戦がなぜ自発的に発生し、また、この現象が将来的にいかなる意味をもちうるかについて全く理解できなかった。繰り返しになるが、戦争とは極めて社会的かつ政治的現象であり、この文脈に着目することなく軍事戦略レベルのみで戦争を語る限界がここにも露呈している。

次に、政治と戦争に関するクラウゼヴィッツの立場をほぼ正確に継承し、学問としての軍事史の基礎の確立に多大な貢献をしたと高い評価を受けているドイツ人歴史家として、デルブリュックの存在が挙げられる。デルブリュックは「軍事史家」としての一面に加え、当時は一般には馴染みが薄く難解とさえ考えられていた軍事問題を国民に向けて平易な説明を試みた「解説者」としての一面と、第一次世界大戦時にドイツが用いた国家戦略・軍事戦略に対して毅然と異議を唱えた「批判者」という、三つの顔を併せもった人物である。[11]

軍事史家としてのデルブリュックの代表作は『戦争術の歴史』[12]であり、「実証批判(Sachkritik)」として知られる研究手法を用い、政治史の枠組みのなかで戦争の歴史を詳細に考察するとともに、国家の基本形態と用いられた軍事戦略の関係についても、その明確化を試みた。[13]そのなかでデルブリュックは、いかなる時代にもその時代の社会や政治を反映した固有の戦争が存在する事実を明らかにしたのであった。解説者としてのデルブリュックは、第一次世界大戦時にその真価を発揮し、雑誌『プロイセン年報』[14]を通じて、ドイツ国民に対して毎月戦局の推移や敵・味方の軍事戦略の説明に努めたのである。同時に、第一次世界大戦時とその後の「戦間期」のデルブリュックは批判者としてもその名前が知られており、ルーデンドルフに代表されるドイツの硬直した戦争指導を厳しく批判したのであった。[15]

加えて、デルブリュックについては、「神話の破壊者」「戦術・戦闘単位」「殲滅戦略と消耗戦略（二極戦略）」など、学問としての軍事史に新たな視角を与え、その概念形成の発展に寄与した諸々の用語が知られているが、以下、本項では、デルブリュックの政治と戦争の関係についての洞察だけに焦点を絞って考察を進める。ここでは、ケース・スタディとして第一次世界大戦におけるドイツの戦争指導に対する彼の議論を検討するが、端的にいえば、ドイツにとって第一次世界大戦ほど、デルブリュックが理想とした政治による戦争指導と、現実の「軍事による政治の掌握」との格差が顕著に現れた例はなかったのである。最初に結論を述べてしまえば、総じて第一次世界大戦は、使用された兵器の強大な破壊力もさることながら、それ以上に、参戦国の硬直した戦争指導が結果としてそれぞれの国民に膨大な犠牲を強いることになったのであり、これは、特にドイツにおいて顕著に見られたのである。

一九一四年に第一次世界大戦が勃発した時点において、デルブリュックは必ずしも短期決戦的発想に基づいた指導部の軍事戦略に異議を唱えていたわけではなかった。しかしながら、西部戦線が膠着状態に陥り、塹壕戦の様相を呈するようになるにつれて、また、とりわけ一九一六年のヴェルダン攻勢が失敗した後、彼はドイツの国家戦略・軍事戦略を根本的に見直すべきであると考え始めていた。デルブリュックは第一次世界大戦の戦局が彼の主唱した「消耗戦略」理論でいえば、政治重視の方向に傾きつつあることをいち早く察知し、ヒンデンブルグやルーデンドルフが用いる「殲滅戦略」理論的な国家戦略・軍事戦略に疑問を投げかけるようになったのである。[16]

デルブリュックは、長年に亘る軍事史研究の経験から、いかなる戦争の遂行方法を用いるかを決定するのも、また、いかなる軍事戦略を用いるかを決定するのもすべて政治の役割であり、仮に、政治目的から分離したかたちで軍事戦略を策定すれば、その軍事戦略自体が国家運営全般にとっての障害となりうることを熟知していたので、とりわけ一九一七年のドイツ帝国議会での平和決議を巡る「七月危機」以降は、強硬な軍事戦略を排除して「交渉による和平」の基礎を提供しうる戦争の遂行を強く提唱したのであった。彼は、結果のいかんにかかわらず、少なくとも敵側との交渉の窓口は閉ざしてはならず、また、敵が交渉の窓口を閉ざすことになるような強硬な軍事戦略は厳に慎むべきであると唱えたのである。

戦争が政治の一手段であるにすぎないと見極めていたデルブリュックは、戦局が膠着状態に陥るなかで、母国ドイツを真の意味での戦争の勝利に導くため種々の方策を模索したのである。いうまでもなく、ここで戦争の勝利とは政治的な意味におけるものであり、戦場における軍事的勝利に留まるものではない。デルブリュックの提言には、政治と戦争に対する彼の深い洞察が見てとれるが、以下、その代表的なものだけを概観する(17)。

第一に、デルブリュックはドイツが敵側の同盟関係を破壊することに集中し、特に、英国とフランスの政治的離反を図るべきであると考えた。同時に、この敵側の同盟の強化を何よりも恐れたデルブリュックは、ドイツの無差別潜水艦作戦には常に強硬に反対したのである。何故なら、彼は米国がこれを口実にして第一次世界大戦に参戦する可能性が高いことを早くから見抜いていたからであり、また、仮に米国が参戦するような事態を招けば、ドイツがこの戦争に勝利する可能性は極めて低くなるであろうことを熟知していたからである。

第二に、デルブリュックは「敵軍の完全な殲滅」を戦争目的とすることに対しても異議を唱えた。彼は、例えばナポレオンが「ナポレオン戦争」の緒戦で圧倒的な軍事的勝利を収めたために「成功の極限点（culminating point of success）」を踏み越えてしまい、結果的に和平への好機を逸してしまっただけに留まらず、逆に、敵の抗戦意志と同盟関係を強化させ、最終的には敗北に追い込まれたという事実を、やはり、長年に亘る軍事史研究から熟知していたのである。[18]また、デルブリュックは仮にドイツが戦場での圧倒的な軍事的勝利を収めたとしても、ヨーロッパ大陸でのドイツの覇権確立を他のヨーロッパ諸国、特に英国が許容するはずもなく、却って戦争を長期化させてしまうであろうことも理解していたのである。

次に、中立国ベルギーの地位に関するデルブリュックの見解も示唆に富む。第一次世界大戦を通じて一貫してデルブリュックは、ドイツ政府にはベルギー併合の意図がない旨を国際社会に宣言するよう、また、戦争が終結次第、ドイツがベルギーから無条件に撤退する旨を宣言するよう提言し続けた。デルブリュックはドイツがヨーロッパ大陸に領土的野心をもち続ける限り、また、少なくとも敵側がそう認識する限り、戦争を終結させることは絶対に不可能であると確信していた。さらに、中立国ベルギーがドイツに併合されるような事態が生じれば、ドイツの中立国侵犯を開戦理由として第一次世界大戦に参戦した英国が絶対に和平に応じることはなく、そして、英国が戦線から離脱しない限りドイツの勝利がありえないことも理解していたのである。

また、戦争の道義的側面が国際社会において無視しえない要素になりつつあることを察知していたデルブリュックは、ドイツ帝国内外での強硬な「ドイツ化政策」を厳に慎むよう主張した。何故なら、彼は仮にドイツが他民族に対する圧迫者の烙印を国際社会から押されるような事態が起きれば、間違いなくドイツは国際社会で道義的に窮地に立たされ、孤立し、中立国の消極的な支持すら獲得できなくなると考えていたからである。

最後に、一九一八年のドイツ軍の「大攻勢」に関しても、デルブリュックは当時の国際政治全般を考慮したうえで、仮にこの軍事攻勢が成功したところで、それは単なる軍事的勝利を齎すだけに留まり、戦争を真の意味での勝利へと導くための政治的含意など全くもちえないことにも気付いていた。そして、このドイツの軍事攻勢が、敵側を和平交渉に誘い出すための幅広い政治攻勢の一端を担うべきであったとして、以下のように回顧している。[19]

この軍事攻勢は、同時に、政治攻勢を以って補完されるべきであった。そして、この政治攻勢は、ヒンデンブルグと彼の部下の軍人達が戦場の最前線で行っている軍事攻勢と並行するかたちで、我々の敵の銃後に対して向けられるべきであった。

右記のような常に政治を戦争の中核に据えるデルブリュックの提言に対し、実際にドイツの戦争指導者層がいかなる政策で応え、さらには、第一次世界大戦がいかなる経緯をたどったかについてを詳述することは本項の目的ではない。ここでは、ドイツの無差別潜水艦作戦がデルブリュックの恐れていた通り米国の参戦を招いたこと、また、主としてベルギーに対するドイツの強硬な態度が原因となり英仏両国が妥協的和平に向けての交渉に応じようとしなかったこと、この二点を指摘するだけで十分であろう。(20)

クレイグの指摘を待つまでもなく、政治と戦争の調和は、今日にあってもペリクレスの時代と同様に重要であり、戦争の政治的側面を無視した自己満足的な軍事戦略思考は、ただ災難を齎すだけなのである。(21)

(二) クラウゼヴィッツ批判——戦争は本当に政治的営みであるのか

確かに、クラウゼヴィッツは、戦争は政治に内属すると指摘した。だが、それはあくまでも戦争は政治に内属「すべき」であるという理念型を述べていたにすぎないように思われる。実際、現実の世界では政治による戦争の統制は困難を極め、その失敗例は枚挙に暇がない。

第一に、いみじくもクレフェルトが指摘したように、しばしば戦争は単なる政治の「手段」たることを超え、それ自体が「目的」と化してしまうのである。(22) 実際、カーが『危機の二十年』で指摘したように、例えば、近代の戦争のなかで国家間の「取り引きの増進とか領土の拡大を慎重かつ意識的に目指して戦われたと思われるものは、殆ど見当たらない」[23]のである。逆に、戦争の歴史、とりわけ「ナポレオン戦争」以降の歴史を振り返る際、この「目的」と「手段」の合理的均衡に失敗したと思われる事例は予想以上に多い。なるほど、近代的な意味での主権国家の成立以前には、国家権力そのものが集権的かつ強大なものではなかったため、戦争がしばしば政治の統制を超えた行為になったとしても不思議でないが、絶対的な主権国家の登場に伴い国家による「暴力装置」の独占状態が完成した後においてさえ、政治による戦争の管理は、現実には多くの政治指導者を悩ませ続けてきたのである。

クラウゼヴィッツが指摘するように、戦争がそれ自身の「文法」を有するのであれば、ある意味で、戦争が「自己目的化」する傾向は当然の帰結といえよう。敵・味方の相互作用により戦争は極限へと達するはずだからである。

だが、政治による統制が強く意識されたとしても戦争を抑え込めない原因は一体どこにあるのか。そもそも、本当に戦争は政治に内属しているのか。戦争は本当に政治の産物であるのか。実際、以上のような視点から、政治の延長としての戦争というクラウゼヴィッツ的戦争観は、その妥当性についてしばしば批判されてきたのである。以下、本項では、キーガンとクレフェルトのクラウゼヴィッツ批判を中心に、政治と戦争の関係についての考察を進めたい。

端的にいって、キーガンの戦争観は、戦争を政治の延長としてではなく、より幅広い文化的行為のひとつと捉えている[24]。すなわち、戦争という社会現象は政治といった狭義の枠組みのなかで到底説明できるものではなく、より広義の文化という文脈のもとで捉えることによって初めて意味をもちうるとする。また、キーガンによれば、それぞれの文化圏には固有の戦争観および戦争形態が存在するのであり、政治の延長としての戦争という戦争観は、極めてヨーロッパ中心主義的な見方であるとクラウゼヴィッツを厳しく批判する。今日とは違い、ヨーロッパ以外の情報が極めて限定されていた時代のクラウゼヴィッツに対して、このような批判が少し酷であることは事実であるが、確かに、古代の部族間戦争をはじめ、キーガンがしばしば引用するコサックの事例、さらには、現在に至るまで特に欧米地域以外での戦争を、単に政治的利益の観点だけから理解することは困難である。クラウゼヴィッツ自身も認めているように、戦争は時代や地域によって多彩な変化を見せるのである。ところで、キーガンのクラウゼヴィッツ批判は彼の戦争観に留まるものではなく、『戦争論』全体にまで及び、クラウゼヴィッツを「昇進の遅れに苛立ち、閉塞感漂う軍隊内の雰囲気に辟易とした一九世紀初頭のひとりのプロイセン軍人にすぎない(25)」とまでいい切り、『戦争論』そのものの価値についても否定的評価を下している。

キーガンの議論と比べて、クレフェルトのクラウゼヴィッツ批判は抑制的かつ示唆に富むものである。クレフェルトはクラウゼヴィッツが歴史上最も傑出した戦略思想家であることを素直に認める。だが同時に、クレフェルトもクラウゼヴィッツの戦争観に対しては疑問を呈しており、そのなかでも、政治と戦争の関係についてのクレフェルトのクラウゼヴィッツ批判は、概略、以下の四点に集約されるであろう。

第一に、クレフェルトは、『戦争論』を執筆する際にクラウゼヴィッツが、恰《あたか》も戦争が主権国家間だけで生起するものであることを所与のものと考えている点を批判している。すなわち、クレフェルトはクラウゼヴィッツの戦争観には主権国家間以外の戦争、クレフェルトの用語で「ノントリニタリアン・ウォー――主権国家以外のアクターが絡む戦争（non-trinitarian war）」と呼ばれる戦争に対する視点を欠いているため、彼の戦争観は現実に生起した多数の主権国家以外のアクターが絡んだ戦争に対しては妥当性をもちえないと指摘している(26)。確かに、『戦争論』におけるクラウゼヴィッツの記述には、フランス革命以降、特にその全貌を現しつつあった主権国家の存在を前提としたものが中心となっていることは事実である。

これに関連して第二点目は、クラウゼヴィッツが主唱した、戦争は外交とは異なる手段を用いて政治的交渉を継続する行為にすぎないという『戦争論』の枠組み自体に対する批判である。歴史的事例を詳細に検討した後、クレフェルトはキーガンの議論をさらに発展させ、あるひとつの政治目的を達成するための手段としての戦争という概念に対しては、同様に否定的評価を下している。クレフェルトは、例えば、中世ヨーロッパの王朝国家間の関係では、「政治」といった要素よりも「正しさ」の要素が重要視されていた事実を指摘し、「正義（justice）」のための戦争が存在していた事実を主張する。[27] また、「旧約聖書」の時代や十字軍の時代は、「宗教（religion）」戦争の時代と位置付けられ、宗教が戦争の最も重要な原因であったと指摘している。[28] もちろん、クレフェルト自身も認めているように、「正義」や「宗教」といった大義の裏に、常に現実的な政治的利益が存在していたことは事実であるが、同時に、中世ヨーロッパの戦争と「旧約聖書」の時代および十字軍の時代の戦争が、冷徹に計算された政治的利益に基づいて遂行されたとするには相当の無理がある。また、政治という用語も、解釈次第では「正義」も「宗教」もすべて政治的行為に含まれようが、他方で、『戦争論』のなかでクラウゼヴィッツは、基本的には政治という用語を「国家政策」の意味で用いているのであり、[29] その限りにおいて、クレフェルトの批判は正鵠を射ている。

第三に、クレフェルトは、「正義」や「宗教」の戦争に加えて「生存を賭けた戦争（war of existence）」の存在を挙げている。[30]「生存を賭けた戦争」とは、他のあらゆる政治的手段が尽きてしまい、戦争以外の選択肢が残されていないといった状況に置かれたなかでの、正に最後の生き残りを賭けた戦争、すなわち、「最後の理性」としての戦争を指すのであり、その実態は、例えば、一九六七年の「六日間戦争」でイスラエルが置かれた状況に代表されるように、政治的計算の結果として選択された戦争というよりは、むしろ、政治的計算を全く度外視したものに近いのである。

最後に、クラウゼヴィッツが合理的な目的を達成するための合理的な行為としての戦争を強調する一方で、クレフェルトは、歴史的事例を引用しつつ、人類が戦争に取り憑かれてきたのは、戦争が危険や歓喜と隣り合わせになっているからこそであると指摘し、戦争とは政治の延長などではなく、スポーツの延長としての側面が強いとポレミックな議論を展開している。[31]

以上の議論から明らかなことは、一方で、クラウゼヴィッツは『戦争論』のなかで戦争の非合理的側面に繰り返し言及しておきながら、実際に彼が戦争を分析する際に用いた枠組みが、あまりにも合理的すぎたと批判されても仕方がないように思われる。[32] 残念ながら、クラウゼヴィッツはフリードリヒ大王の時代を中心とする「王朝間戦争」の研究に心血を注ぎ込みながら、戦争の宗教的側面を軽視していたことは否定できない事実のように思われる。同様に、クラウゼヴィッツは「正義」の戦争の存在や政治目的とは程遠い戦争の存在にあまり注目していなかったように思われる。

(二) それでも戦争は政治の延長である

以上の議論からも明らかなように、戦争はしばしば政治の枠組みをはずれ、それ自体が目的化する方向に進んでいった。さらには、そもそも戦争とは常に政治目的を意識しながら遂行される行為であるのかといったより根源的な問題が、キーガンとクレフェルトによって提示された。端的にいって、これらの問題に関してクラウゼヴィッツは、近代啓蒙主義の影響から完全に自由であったわけではないのである。政治と戦争に関するクラウゼヴィッツの見方があまりにも合理的すぎたことは否定できない事実のように思われる。また、トゥキュディデスの指摘を待つまでもなく、戦争とは少なくとも「恐怖 (fear)」「名誉 (honour)」「利益 (interest)」といった相互補完的要素が複雑に交錯した産物なのである。[33] クラウゼヴィッツの戦争観、すなわち、政治目的とは基本的には「利益」の範疇に含まれるのであろうが、戦争の原因にはこれ以外にも少なくとも「恐怖」や「名誉」といった要素が考えられるのである。そうしてみると、クラウゼヴィッツ的戦争観には明らかに限界があるように思われる。結局、クラウゼヴィッツの政治と戦争に関する見方は、あくまでも戦争の一面を捉えているにすぎないのであろう。

だが同時に付言すべきは、キーガンとクレフェルトのクラウゼヴィッツ批判は、そのいずれも示唆に富むものであることは否定できないものの、クラウゼヴィッツの政治の延長としての戦争に対してキーガンが提唱する「文化の発露」としての戦争は、その概念が極めて曖昧であり、また、クレフェルトの議論はクラウゼヴィッツ批判に留まったままで彼自身の枠組みすら提示していないのである。つまり、クラウゼヴィッツの戦争観に代わる戦争を考察する新たなパラダイムは、未だに確立されていないのである。

逆に、『戦争論』を詳細に検討すれば、クラウゼヴィッツが常に政治以外の要素を意識しながら戦争の分析を試みていたことが容易に推測できる。例えば、それらは「三位一体」の概念として言及されているのである。すなわち、クラウゼヴィッツは「国民」の熱狂といった非合理な要素と「軍部」の独立した軍事計画が、「政府」の合理的目的と同様に、戦争に大きな影響力を及ぼすものであると述べているのである。(34) また、クラウゼヴィッツが『戦争論』のなかで、摩擦や偶然、さらには軍事的天才といった不可測な要素の重要性を指摘しているのもその証左である。(35)

筆者には、クラウゼヴィッツが戦争のなかに潜む危険なエネルギーを「ナポレオン戦争」を通じて実感していたからこそ、戦争は政治に従属すべきであるという「規範論」をことさら強調したように思われる。すなわち、「軍事」はそれ自身の「文法」を有するが故、戦争を極限へと発展させる可能性を秘めているため、逆に「政治」が重要性を帯びてくるのであり、また、「国民」の熱狂は戦争を極限へと導く傾向にあるため、逆に「政治」の合理性が際立ってくるのである。さらにいえば、クラウゼヴィッツは「戦争の霧」といわれる不可測なものの存在を熟知していたため、逆に「政治」による戦争の統制の重要性を強調したように思われる。

ところで、興味深いことにこの政治と戦争の関係は、真の意味での主権国家の登場を告げたとされるフランス革命から現在に至る時代において、益々その重要性が強調されることになった。とりわけ、核兵器が登場した二〇世紀後半以降の時代においては、皮肉にも核兵器のもつ巨大な破壊力によって政治と戦争の関係、特にその目的と手段の相互関係が成立しえなくなったと認識されるにつれて、逆に、政治的行為としての戦争の位置付けが重要視されているのである。もちろん、この政治と戦争の関係は、核兵器との共存時代に限らず、歴史上、常に存在し、その重要性は普遍的であるとさえいえるにもかかわらず、残念ながら、人類はあまりそのことに注目していなかったのである。

第二節　戦争の「決定的勝利」について

本節では、戦争の勝利の問題が考察される。ここでいう戦争での勝利とは、あくまでも政治的勝利を意味するのであり、政治的勝利を獲得した戦争だけが「決定的勝利」の名に相応しいことが強調される。すなわち、戦場での軍事的勝利と戦争の政治的勝利は全く別の次元の問題なのである。また、本節ではそのような「決定的勝利」を得るためにいかなる条件が必要とされるのかについて言及した後、再度、戦争とは何かを問うことにする。

（一）「決定的勝利」とは何か

ボンドは近著『勝利の追求』のなかで、戦争の「決定的勝利」とは、戦場での単なる軍事的勝利に留まらず、政治指導者がその軍事的勝利を最大限に有効活用し、戦争後の永続的かつ自らに有利な「平和」を確保したときに初めて得られるものであると指摘している。ボンドによれば、歴史上、このような戦争の「決定的勝利」を得られたことは極めて稀であり、一九世紀の「ドイツ統一戦争」がその数少ない事例のひとつである。すなわち、普墺・普仏両戦争でのモルトケの軍事的勝利を基礎にして、その後、第一次世界大戦に至るまでドイツ（プロイセン）主導の平和を構築したビスマルクの政治指導を高く評価しているのである。また、「決定的勝利」を得るためのひとつの前提条件として、ビスマルク流の政治手腕、つまり、戦前・戦後はいうまでもなく、戦争中も常に「軍事」を統制する能力を備え、講和に向かう条件が整ったと判断すれば軍部の反対を抑えてでも戦争を早期に終結させ、かつ、戦場で獲得した軍事的勝利を政治的勝利へと変換でき、その後、長期に亘る平和を自国に有利な条件で確保することができる政治的能力を挙げている(36)。

いわゆる「ドイツ統一戦争」に関しては、つとに知られているので多言を要すまいが、例えば、普墺戦争の際、ビスマルクはケーニヒグレーツの戦いの後もさらなる勝利を求めて戦争継続を主張するモルトケに代表される軍部を抑え、早期講和への道を選択したのである。何故ならビスマルクは、オーストリア軍を軍事的に追い詰めればオーストリアとの講和が益々困難になるであろうこと、また、戦争の長期化に乗じてフランスが介入ないし参戦する危険性があることを察知していたからである。また、ビスマルクは普仏戦争においても、国家としてのフランスの完全な無力化を強硬に主張するモルトケに対して、戦争の目的はあくまでもドイツの統一であり、そのためにも大国であるフランスのプライドを傷つけることなく和平を講ずることが最優先されるべきであると反論したのであった。(37)

以上のように、ビスマルクが普墺・普仏戦争を自らに有利な条件で終結させた偉業の重要性もさることながら、さらに特筆すべきことは、ビスマルクが一九一四年の第一次世界大戦勃発に至るまでの約四十年間、ヨーロッパに比較的安定した時期を齎すべく平和の基礎を構築したことである。(38)ビスマルクの外交政策については、一方では、それまでの「ヨーロッパ協調（Concert of Europe）」を剥き出しのバランス・オブ・パワー政策へと変換した彼のマイナスの側面が強調される傾向にある。だが同時に、約四十年間にも亘る安定をヨーロッパに齎した彼の偉業は決して過小評価されてはならないのである。(39)

繰り返しになるが、戦場での軍事的勝利が戦争の政治的勝利へと直結することは稀であり、そこには、偶然といった要素とともに卓越した政治指導が要求されるのである。ボンドは、それに失敗した事例として第二次世界大戦におけるドイツと日本の戦争指導を挙げており、同大戦での緒戦の軍事的勝利を担保にして妥協的和平に向けての模索を怠った日独両国の戦争指導を厳しく批判している。(40)

確かに、はたして日独の緒戦での軍事的勝利が早期講和へ向けての戦略環境を提供しえたのか否かについては、議論の余地があろう。実際、西部ヨーロッパを席捲したドイツに対して、英国は対決姿勢を崩そうとはしなかったのであり、また、そもそも英国はヨーロッパ大陸でのドイツの覇権確立に反対して第二次世界大戦に参戦したのであれば、ドイツ側の既成事実を追認する妥協など考えられなかった。だからこそ、英国は米国をこの戦争に巻き込むべく戦争の「世界化（globalization）」を図ったのであった。さらには、ポーランドやフランスに代表されるドイツの占領政策は、連合国側の政治的結束を益々強固なものにしていったのである。また、日本軍による真珠湾奇襲攻撃を受けた米国が、その反日世論の高騰を抑えて容易に妥協的和平に応じるとは考え難かった。実際、米国からすれば日本が「ハル四原則」を受け入れることが講和の前提条件であり、また、米国は日本にこれを強要するだけの潜在的な軍事力を十分に保持していたので、妥協的和平に応じる理由など存在しなかったのである。それにもかかわらず、日独両国が「成功の極限点」に踏み留まらず、逆に戦線を拡大したために早期講和への希望が断たれ、そのまま連合国側が最も望んでいた長期消耗戦へと引き摺り込まれたことは否定できない事実のように思われる。

また、第二次世界大戦の緒戦における日独両国に留まらず、確かに、仮にある戦場での軍事的勝利が圧倒的なものであったとしても、それが、必然的にその後の永続的な平和の確保へと結びつくわけではない。このことは、例えば、近年の「湾岸戦争」の事例でも証明されており、軍事的勝利と政治的勝利の関係は決してリニアーなものではなく、そこには、必ずパラドックスが入り込む余地があるのである。

さらに踏み込んでいえば、戦場におけるひとつの「決戦（decisive battle）」とその勝利が戦争全体の帰趨に大きな影響を及ぼすことも極めて稀である。例えば、第一次世界大戦や第二次世界大戦においても、戦場でのある特定の軍事的勝利がそのまま政治的勝利へと結びついたのではなく、戦敗国は長期に亘って蓄積された戦場での度重なる敗北に耐え切れず、最終的に戦争自体の敗北へと追い込まれていったというのが事実に近い。そしてこの傾向は、戦争の「総力戦」化が進むにつれて、すなわち、戦争への国民の参加によって戦争の「重心（centre of gravity）」が「銃後」へと分散され、曖昧になるに従って、益々強まっていったように思われる。間違いなく、戦争全体に占める「決戦」

の重要性は低下しつつあり、また、戦争の「決定的勝利」は戦場での軍事的勝利によって約束されるわけではないのである。

では、人類が経験してきた夥しい数の戦争の歴史において、仮にボンドが指摘するように「決定的勝利」の獲得の事例が極めて少数に留まるならば、はたして、それはいかなる理由によるのであろうか。また、本当に「決定的勝利」の獲得が困難であるのであれば、何故、人類は繰り返し戦争という手段に訴え続けてきたのであろうか。後者の問題に対しては、再びトゥキュディデスの「恐怖」「名誉」「利益」といった戦争の三要素に注目する必要があろうが、本節では以下、前者の問題、すなわち、戦争の「決定的勝利」を得るための諸条件について考察を進めたい。

（二）「決定的勝利」獲得の条件

前述したように、歴史上、戦場での軍事的勝利が、それ自体で広義の意味での戦争の決着に決定的な役割を演じた事例など殆ど存在しない。ハワードが指摘するように、戦争は和平交渉のテーブルで決着を見るのである。[41] すなわち、戦場での軍事的勝利はそれ自体が戦争の結末を決定するのではなく、ただ単に勝利のための政治的機会を提供するにすぎないのである。なるほど戦場での軍事的勝利が、戦争全体の政治的勝利、すなわち、戦争の「決定的勝利」の獲得にとって重要であることは疑いない。そして可能であれば、その軍事的勝利とは敵側の軍事力を徹底的に破壊し、さらには敵を非武装化する程度のものが望ましいが、最低でも、これ以上戦争を継続することが不可能であると敵側に認識させるために十分なものが必要とされる。だが、戦争の「決定的勝利」の獲得のためには、戦場での軍事的勝利に加えて、少なくとも以下の二点の条件を満たすことが必要となってくる。

ひとつは、明確な政治目的を掲げ、かつ、確固として現実的な国家運営の在り方であり、もうひとつは、戦場での敗者によるその評決（verdict）の甘受である。[42] ハワードは、後者をさらに敷衍して以下のように指摘している。[43]

敗者が敗北の事実を素直に認めなければならず、また、見通しうる将来において、軍事的復活によってであれ卓越した外交能力によってであれ、さらには国際的なプロパガンダによってであれ、その敗者に、戦場での評決を反故にする機会を与えてはならないのである。次に、敗者は遅かれ早かれ戦後の新しい国際秩序を運営するうえでのパートナーとして迎え入れられ、それに伴い、敗北に対する何らかの和解策が講じられる必要がある。すなわち、敗者の名誉が回復されなくてはならないのである。

換言すれば、例え戦場での軍事的勝利が圧倒的なものであったとしても、その勝利を政治的に活用して永続的な平和を確立するためには、すなわち、戦争の「決定的勝利」を得るためには、戦敗国による何らかの協力が必要不可欠となってくるのである。皮肉にも、戦争の勝利を永続化させるためには、戦勝国と戦敗国とを問わず、常にすべての参戦国がこの認識を共有することが前提となるのである。また、とりわけ近代以降の戦争においては、敵の存在の物理的抹殺など現実に採りうる選択肢ではなく、その意味でも、このすべての参戦国による「共同作業」という認識を共有する必要性は益々高まってきている。そうであればこそ、特に主権国家間の戦争においては、戦勝国は戦敗国のなかに、例えば、講和条件を受け入れてそれを確実に履行する意図と能力とを兼備した何らかの「政府」を見つけ出すことが肝要となってくるのである。すなわち、戦争においては、常に交渉相手を確保しておくことが重要なのであり、逆に、その交渉相手を破壊することは、戦後処理の問題を含めてあらゆる問題を複雑化させるだけなのである。それと同時に、例えば普仏戦争におけるビスマルクやフォークランド戦争での英国の対応に代表されるように、戦勝国には、戦敗国の策動によって戦場での軍事的評決が反故にされることがないよう、戦敗国にそのような策動を行う余地を絶対に与えてはならない責務が課せられているのである。

戦争の「決定的勝利」を獲得するためには、以上のような敵側との微妙なバランスを維持できるだけの政治指導が要求されるのであり、逆に「決定的勝利」の獲得が極めて困難であることは、正にこの理由による。加えて、戦勝国には戦敗国が戦場での評決を反故にすることがないよう、あらゆる手段を用いて中立国とのバランスを維持する必要もあるため、さらに卓越した政治指導が要求されるのである。

そうしてみると、近代以降の戦争のなかで右記の諸条件を比較的満たしているものとして、例えば「フランス革命戦争・ナポレオン戦争」、「ドイツ統一戦争」、そして、第二次世界大戦が挙げられるであろう。「ドイツ統一戦争」に関しては前述したのでここでは要点だけに留めるが、普墺・普仏両戦争での軍事的勝利を、その後、約四〇年間にも亘る平和へと変換しえたビスマルクの政治能力が高く評価されるべきであろう。「フランス革命戦争・ナポレオン戦争」に関しては、クラウゼヴィッツが驚愕するほど、国民の参加を伴った激烈な戦争になったにもかかわらず、また、ナポレオンの個人的野心によって戦争の規模や範囲が飛躍的に拡大したにもかかわらず、戦後は、「正統」への回帰を謳ったウィーン会議の結果、その後の「ヨーロッパ協調」が確保されるとともに、フランスは直ちに大国の地位へ返り咲くことを許され、その協調の主要アクターとして行動するのである。

また、第二次世界大戦において連合国側は、チャーチルやルーズベルトに代表される政治家の卓越した政治指導により、戦場での完全な軍事的勝利を獲得しえたことはいうまでもなく、第二次世界大戦後には、確かに「冷戦」と呼ばれる米ソ間の緊張状態が作り出された一方で、同時に、同大戦での戦勝国の政治的結束は意外と強固なものであったことも事実であり、「五人の警察官」による戦後国際システムの運営によって真の意味での戦争は極めて少数かつ周辺的なものに留まったのである。そのなかでも、戦敗国、とりわけドイツと日本は戦争での軍事的敗北を完全に甘受し、その後、「冷戦」も幸いして比較的早期に国際社会への復帰が認められたため、グローバルなレベルでの「長い平和」(ギャディス)が維持されたのである。

逆に、戦争の「決定的勝利」獲得に失敗した事例として特筆に価するものは、第一次世界大戦後のいわゆる「戦間期」の国際政治であろう。[44] 興味深いことに、第一次世界大戦末期、少なくともドイツ側には戦場で軍事的敗北を喫したという意識は希薄であった。実際、ドイツの国土が占領される前に停戦が合意されたため、ドイツ側には敗北という事実が実感されていなかったのである。「匕首伝説（the Dolchstoβ legend）」が生まれたのは、正にその証左である。[45] また、同大戦後のヴェルサイユ体制に関しても、少なくともドイツにとっては自国の意志に反して強要されたものにすぎないと見なされていた。事実、この体制の打破を目指すという意味ではヒトラーも他のドイツ人も同様の見解を抱いていたのであり、両者の差異は主としてその方法の違いにすぎなかった。また、戦勝国のひとつである英国には、戦後の国際システムを主導しようとする意志が欠如しており、フランスに至ってはその意志も能力も備わっていなかった。米国は自ら孤立主義に回帰する道を選択し、当初、ソ連にはこの体制への参加すら許されなかった。[46] さらには、例えば、イタリアや日本に代表されるように戦勝国のなかにも、ヴェルサイユ体制やアジア・太平洋地域でのワシントン体制といった戦後の国際秩序に不満を抱き、これを積極的に維持していくことに自国の利益を見い出せない諸国も存在したのである。

そうしてみると、ルトワックがしばしば指摘するように、いったん戦争が勃発すれば戦場での決着を最後まで辛抱強く見守る方が、途中で何らかの介入を試みるよりは、戦後処理の問題を含め、長期的な観点からは却って得策であるのかもしれない。[47] すなわち、戦場での軍事的評決を待たずに戦争自体を停止させることは、ある意味では、戦争のエネルギーを一時的に封じ込めているにすぎず、戦争へと至った対立原因の根本的解消にはつながらないからである。ルトワックのこの指摘は、「冷戦」後に注目を集めつつある「人道的介入」を巡る議論に対しても一石を投じるものである。

最後に、戦争における「決定的勝利」が全くの幻想にすぎないという議論を検討してみよう。確かに、例えば、第一次世界大戦後の英国では、「大英帝国」を破産させてまでして得た勝利にいかなる意味があるのかといった素朴な疑問が提示されたし、また、第二次世界大戦後、日独両国の急速な復興と国際社会における自国の優位の相対的低下といった事実に直面した米国では、はたして、第二次世界大戦は誰のための勝利だったのかといった疑問が提起された。だが、感情論としては理解できるにせよ、こうした議論に決定的に欠落している視点は、仮に戦争に負けていればどうなっていたのかということである。すなわち、戦争の勝利は、例えそれがいかなる犠牲を強要するものであろうと、戦争の敗北とは決定的に異なるのである。例えば、確かに英国は第一次世界大戦での軍事的勝利によって、却って国力を相対的に低下させたし、また、その後の安定した国際秩序も築くことができなかった。だが、それにもかかわらず、仮に英国の敗北を想定してみれば、英国にとってこの両者の差異は決定的であったはずである。(48) また、第二次世界大戦における連合国側の勝利が、その後の国際秩序構築を主導したことは疑いようのない事実である。さらに踏み込んでいえば、少なくとも一九四五年の段階では、連合国側は、日独両国に対する軍事的勝利を歓迎するだけで十分であり、その後の日独両国の再建やソ連の台頭といった問題は別の次元に属するものなのである。(49)

（二）　再び戦争について

以上の議論から明らかなように、戦争は人類がいかにそれを嫌悪しようと、当事者間の政治的対立に決着をつけ、その後の平和へと導く契機を提供するといった重要な社会的機能を帯びているのである。もちろん、あくまでもこれは戦争の機能論に関する理念型であり、前述したように、現実には戦争の「決定的勝利」を獲得することなど極めて困難なのである。だがそれにもかかわらず、ある政治目的を達成するために遂行される戦争が消滅しない理由は、人類が、相互の対立を解決するに際して、今日でも戦争という手段にある程度の有効性を認めているか、あるいは、戦争以外に有効と思われる手段が見あたらないかのどちらかである。おそらく、人類は後者の立場、すなわち、ほかに有効策が見つからないため、やむをえず戦争という選択肢に訴えているというのが真実に近いのであろうが、いずれにせよ、現実に政治の手段としての戦争が生起していることは否定できない。

仮に、戦争とは政治的対立に決着をつけ、その後の平和へと導く機能を果たすものであるという命題の妥当性を認めるのであれば、そこで重要となることは、まず戦場での軍事的な決着が完全につくのを見守ることであろう。何故なら、ルトワックが鋭く指摘したように、平和とは戦争における「暴力の極限段階（culminating phase of violence）」を超え、例えば、一方が戦場での軍事的勝利への希望が断たれ、何らかの和解策を講じる必要性を認識して初めて可能になるものだからである[50]。

そうしてみると、例えば、国際連合に代表される第三者機関による戦争への介入、さらには、その結果としての休戦や停戦といった状態は、当事者が戦場での軍事的決着を完全につける前に、また、少なくとも当事者のエネルギーが尽き、当事者間に厭戦感が充満する前に、極めて中途半端な状態のまま戦争が中断されたために生じるものであるので、この点に限定すれば、戦争への早期介入は却って逆効果になるようにも思われる。というのも、その外部からの介入による中断のため、戦争の当事者内には厭戦感など充満しないであろうし、また、当事者が休戦・停戦期間を利用して戦力の立て直しを図ることすら可能になるからである。さらには、歴史的に見て休戦や停戦といった状態は、非常に脆弱なものであり、戦争が再開される事例が多いのであるが、その際に問題となるのは、概して、休戦・停戦以前の状態と比較するとき、この再開された戦争は、その破壊力においても期間においても抑制された方向に向かうとは限らないのである。すなわち、強要された休戦・停戦とは、人為的に対立を凍結して戦争状態を無制限に引き延ばしただけにすぎず、また、その過程で、本来の「敗者」となるべき側が平和のために譲歩を行わなかった代償、すなわち、戦場での軍事的敗北を結果的に免れることができるようになるからである。そうなれば、戦争に全く決着がつかない状態が水面下に残され、その後の真の平和も実現できないということになる。この意味に限定すれば、ルトワックが「戦争に出番を与えよ（Give War a Chance.）」と極めて挑発的な論文を著したことにも頷ける。確かに、例えば「冷戦」時の米ソ間の対立に起因するようなグローバルな規模での戦争を除けば、不幸にして戦争が生起した場合、当事者間で戦場での軍事的な決着がつくまで、あるいは、少なくとも当事者が消耗し尽くすまで戦争を傍観することの方が、場合によっては問題の解決を齎すことさえありうるのである。逆説的ではあるが、真の意味での平和を構築するためには時として生起した戦争を放置することが必要とされることもあるのである。それが、ルトワックの主唱する「平和のためには戦争を（Make war to make peace.）」の意味するところである。

以上のような戦争に纏《まつ》わる冷徹かつ残酷なパラドックスを念頭に置きながら、以下、第三節では、戦争の将来像を探ってみよう。

第三節　戦争の将来像について

本節では、戦争の将来像を描く手掛りとして、マンデルバウム論文とその批判を中心に戦争に対する考察を進める。同時に、戦争の将来像を探る際、キーワードになりうるとされる諸概念についても触れておこう。そして、こうした議論を踏まえたうえで、戦争を理解するためには「政治」「軍事」「国民」「技術」「時代精神」といった少なくとも五つの要素について考察を進める必要があり、これらのいずれかの視点を欠く戦争研究は、却って危険なものになりうることを示そう。戦争とは優れて社会的現象なのである。

（一）　戦争の蓋然性について

戦争の将来像を読み解くための第一歩として、マンデルバウム論文を検討することは極めて有益であろう[51]。「歴史的楽観主義」に基づいて、やや挑発的とも思える同論文は、戦争に係わる大きな「時代精神」を理解することの重要性を改めて認識させる一方、戦争という優れて社会的現象を理解するうえで個人の置かれた立場や主観が、結果的に、いかにその認識を誤らせる事態を招くものになるのかといった否定的意味においても、一読に値する。そこで、以下、同論文の要旨の紹介とその批評を行うが、まず最初に確認すべき点として、同論文の研究対象はあくまでも「主要戦争（major war）」に限定されており、「紛争」を含めた戦争全般ではないことが挙げられる。また、同論文では極めて慎重な言葉使いがされており、例えば、あるひとつの命題が提示された直後にそれに対する留保条件が縷々付加されているのであるが、同論文の欠点のひとつは、その留保があまりにも大きなものであるため、結果として、呈示された命題自体が実質的な意味を失っていることである。右記の点に注意しながら、以下、マンデルバウム論文のなかの主要戦争を巡る議論に焦点を絞り、これを俯瞰してみよう。

マンデルバウムは、「主要な（major）」と「時代遅れ（obsolete）」といった二つの形容詞が正確に定義されるのであればという条件を付けて、「主要戦争は時代遅れである（Major war is obsolete.）」と指摘する。(52) ここで主要戦争という用語が意味するところは、国際システムのなかの最も強大な構成国間で戦われる戦争であり、国家が保有するあらゆる資源と兵器を総動員して何年にも亘って戦われるようなものであり、さらには、国内政治体制の興亡、国境線の変更、そして国家間のヒエラルキーの再編成に代表されるような革命的な地政学的結果を齎す種類の戦争である。マンデルバウムは、過去、約二〇〇年の間での具体的な事例として、フランス革命戦争（一七九二年〜一八一五年）、第一次世界大戦（一九一四年〜一八年）、第二次世界大戦（一九三九年〜四五年）、そして、冷戦（一九四〇年代後期〜九〇年代初頭）の四つを呈示している。

だが同時にマンデルバウムは、主要戦争が生起する可能性が完全に消滅したわけではないと、直ちに留保を付ける。「主要戦争は考えられないのではなく、生起しそうにない」のである。換言すれば、主流でないといった意味において、主要戦争は時代遅れなのである。また、マンデルバウムによれば、この「時代遅れの状態（obsolescence）」はある外的要因によって強要されたり作り出されたものではなく、「自然に生起した（happen）」状態である。主要戦争は、例えば一時期の服装がやがて時代遅れとなるのと同様に、また、奴隷制、決闘、そして足枷が時代遅れになったのと同様に、それらの復活の可能性は否定できないものの、流行ではないといった意味において時代遅れなのである。

マンデルバウムが抱く今日の国際情勢認識によれば、国際社会で危機と呼ばれるものは主として「経済的」な性格のものであり「軍事的」なものではない。マンデルバウムによれば、今日の国際情勢は「非好戦化（debellicisation）」（クレフェルト）の方向、別言すれば、これとほぼ同義である「戦争のない状態（warlessness）」といった方向に進みつつあり、主要戦争は主流でないと完全には断言できないとしても、主流でなくなりつつあるのであり、また、こうした時流は、主要戦争が完全に時代遅れであると断言できる程のものではないにせよ、それが、「時代遅れになりつつある（obsolescent）」方向に進んでいることは否定できないとするものである。

では、何故このような時流に進みつつあるのであろうか。この問いへの回答としてマンデルバウムは、主要戦争を遂行することは人命の見地からも、さらには、財産といった観点からもそのコストが劇的なまでに上昇していること、そして、勝利によって獲得が見込まれる報酬が大幅に下落していることの二点を指摘している。すなわち、戦争はその目的とされてきたものの達成が困難になりつつあるといった意味で、時代遅れとされるのである。

次に、マンデルバウムはこの「非好戦化」という時流と国家政治体制の相関関係に論点を移し、リベラリズムといったイデオロギー、そして、この思想を具現した政治体制である民主主義の拡大こそが「非好戦化」現象の重要な一因であると、「民主主義による平和論（democratic peace）」に沿った議論を展開している。(53)「民主主義による平和論」については後述するため、ここでは詳しく立ち入らないが、マンデルバウムは民主主義制度のもとでは、仮に戦争が生起すればその被害を最も被ると予想される国民が主権者なのであるから、戦争が生起する可能性は必然的に低下するであろうと、また、民主主義制度のもとでは国内の政策決定過程が煩雑かつ分権的となるため、戦争は抑制される傾向にあると、最後に、国際社会においては少なくとも民主主義国家間の戦争が生起する可能性は極めて低いであろうと、国家政治体制や国際社会における民主主義的傾向が拡大することと、戦争が生起する可能性が低下することには明らかに相関関係が存在するとしている。

繰り返しになるが、マンデルバウムが議論している戦争とはあくまでも主要戦争であり、また、彼は主要戦争が時代遅れになりつつあると主張しているにすぎず、それが完全に消滅したとは述べていない。そして、マンデルバウムによれば、主要戦争が真の意味で時代遅れになるか否かについては、将来の中国とロシアの動向いかんに懸かっているのである。その真偽について議論することは本項の目的ではないので、中国とロシアの将来に関する彼の認識に対しては批判を控えるが、マンデルバウムは将来の国際社会における対立原因を「分離独立運動（secessionism）」と「失地回復運動（irredentism）」であると捉え、そのなかでも特に「失地回復運動」は主要戦争が生起する可能性を孕んだ危険なものであると考えている。その具体的事例としてマンデルバウムは、中国が抱える「台湾問題」とロシアの「ウクライナ問題」の存在を挙げているのである。彼によれば、仮にウクライナ問題を巡る戦争が生起すれば、その影響はドイツにまで及び、また、台湾問題を巡る戦争は日本の直接的な関心事となるであろうし、最後に、米国がこのいずれの戦争にも巻き込まれることになるといった意味において、主要戦争が生起する可能性が未だに存在するのである。マンデルバウムはこの二つの地域を、「潜在的には二一世紀のサラエボ」とさえ呼んでいる。

マンデルバウムの議論はさらに飛躍し、主要戦争に留まらず「現代戦争（modern war）」でさえ消滅しつつあると捉えることも可能であると主張する。ここで現代戦争とは、主権国家間の職業軍人によって戦われ、機械化された兵器を用いた正規の戦闘を伴う戦争を意味する。この現代戦争に代わって「非通常紛争（unconventional conflicts）」、すなわち、軍事的目標ではなく民間をターゲットにした非正規軍による攻撃が戦争の主流になりつつあると指摘して、マンデルバウムは同論文を終えている。

以上のようなマンデルバウムの議論に対しては、様々な角度から疑問や批判を投げ掛けることが可能であろう。最初に、マンデルバウムが用いた用語の定義の問題であるが、この点に関しては、確かに用語の定義を明確にすることは重要である一方で、本項では、敢えてマンデルバウムの定義の曖昧さや同義語の反復に起因する内容の不明確さなどについては深く言及せず、より根源的な問題に立ち入りたい。そのため、ここでは例えば、常識的な定義に従えば朝鮮戦争やヴェトナム戦争、さらには「湾岸戦争」などは「主要な」戦争の範疇に含まれるのではないのか、次に、やはり伝統的な定義に従えば、はたして「冷戦」は戦争と呼ぶべき事例なのか、最後に、国際社会において本当に「主要戦争」は、マンデルバウムが引用したような奴隷制や決闘などと同程度の確信を以って「時代遅れ」といい切ることが適当であるのかといった疑問の一部を列挙するだけで十分であろう。(54)

定義の問題に関してひとつだけ反論を述べれば、例えば、「主要な」という用語の定義については、マンデルバウムの定義による「主要戦争」、すなわち、フランス革命戦争、第一次世界大戦、第二次世界大戦、そして冷戦の規模に相当する戦争など、将来、消滅に向かうか否かの問題以前に、そもそも、いかなる時代の戦争の歴史を振り返ってみても、この種の戦争を探し出すことなど不可能なのである。(55)つまり、同論文でマンデルバウムが「主要な」と定義している戦争は、実際には、その規模にせよ戦争形態にせよ、フランス革命以降の近現代史に特殊なものなのである。換言すれば、この定義はあまりにも限定されすぎているため、定義として意味をなしていないのである。また、過去、約二〇〇〇年間における戦争の歴史のなかでも、マンデルバウムが明示した四つの戦争が戦争の主流であった事実などなく、むしろ、これらが例外的な規模の戦争であったからこそ、今日でも人類の記憶に留まっているのである。

以下、マンデルバウム論文が提示したより根源的問題について批判的考察を進めてみよう。マンデルバウム論文の問題点として、第一に、戦争とは人類の営みのひとつであるだけに、将来における戦争と平和の問題の行方を左右するのは基本的には人類の生き方いかんに懸かっているのであり、それ故、人類の将来には、戦争が消滅していくであろうという保証など全く与えられておらず、この点に関しては主要戦争の将来についても同様であるという、ごく常識的な視点が欠落している事実が挙げられる。(56)

第二に、マンデルバウムは今日でさえ大国間による主要戦争が生起する可能性が残る地域を二つ挙げているが、こうした地域の存在そのものが、彼が主張した主要戦争は時代遅れであるという命題を根底から覆しているのである。(57)すなわち、仮にウクライナと台湾といった主要戦争が生起する危険性を孕んだ地域が二箇所も存在するというマンデルバウムの指摘が正しいのであれば、決して主要戦争は時代遅れになりつつあるとはいい切れないのである。また、「現代戦争」すら消滅しつつあるというマンデルバウムの主張は、あらゆる時代にはその時代固有の戦争が存在するというクラウゼヴィッツやデルブリュックの指摘を待つまでもなく、ごく当然の事実を述べているにすぎない。将来においては、その時代に固有な戦争が登場してくるはずである。

第三に、一般論としてではあるが、少しでも歴史的知識をもち合わせている学究であれば、戦争が、全く予期しない場所で、全く予期できない理由によってしばしば生起するという歴史のパラドックスを承知しているはずである。ケーガンが鋭く指摘しているように、歴史は、人類が可能な限りの予測を試みた以外の方向に、すなわち、「それ以外（none of the above）」といった範疇に含まれる方向に進むことがあるのである。そして、この事実を知っている者には安易な楽観主義は許されないはずである。

次に、仮にマンデルバウムが主張するように、中国とロシアが「非好戦化」された状態と呼ぶには程遠いものであるのであれば、また、本当にこの両国が抑止されているにすぎないのであれば、当然、何かが「非好戦化」状態を作り出しているはずである。そして、その「何か」とは米国のプレゼンス以外には考えられない。すなわち、マンデルバウムが指摘する「非好戦化」状態とは、米国の力と意志によって作り出されているものであり、自然に生起したものではないのである。さらには、マンデルバウムは、今日において人類が戦争を嫌悪するようになった原因のひとつとして核兵器の存在を挙げているが、仮にそれが事実としても、はたして、核兵器がもつ破壊力が作り出した「非好戦化」状態を楽観的に受け止めることが許されるのであろうか。「相互確証破壊」や「抑止」によって維持された平和は、価値的判断を含む「戦争のない状態」とは本質的に異なるのである。

また、マンデルバウムは同論文の至るところで、国家が軍事的な制度から経済的制度へと変貌を遂げつつあると、恰《あたか》も「経済」と「戦争」が二律背反のものであるかのように述べているが、はたして、この単純な二分法は戦争の将来像を描く際に有効なものとなりうるのであろうか。すなわち、歴史の教えるところでは、しばしば経済的対立が戦争の大きな原因となってきたのである。[58] 加えて、マンデルバウムは「非好戦化」状態が生まれた主要な原因として、既述したように、戦争に必要とされるコストの上昇と戦争によって得られるであろう利益の低下という二点を強調しているが、本当に、戦争は「費用対効果」だけで計りうるものなのであろうか。再びトゥキュディデスの三つの要素を引用すれば、戦争の原因には経済的「利益」だけに留まらず、「恐怖」や「名誉」といった非合理的かつ不可測な要素も考えられるのである。もちろん、それ以外にも戦争の原因として挙げられるものとして、「外交上の失態（diplomatic blunder）」[59] や「運命の力（La Forza del Destino）」としか表現できないようなものまで含めて多数指摘されているのであるが、[60] それらすべてへの視点を欠く彼の議論の根底には、一九世紀後半の「マンチェスター学派」の思想、さらには、第一次世界大戦前のブロッホやエンジェルの戦争観を彷彿とさせる前提が潜んでいるように思われる。[61]

哲学的な問題として、はたして、人類はマンデルバウムが理想とする静的な「戦争のない世界（warless world）」に絶えうるほど合理的な存在なのであろうか。人類とは、それ程リニアーに進歩する存在なのであろうか。また、機能論的観点からいえば、人類が創造した戦争というひとつの重要な社会的制度を抜きにして、例えば、部族間や国家間の対立、さらには、同盟間の対立を解決することは可能なのであろうか。歴史的に見て、戦争はその時代の閉塞感を打破すべく「社会浄化」のためのカタリシス機能を果たしていなかったのであろうか。(62) 逆説的ではあるが、「戦争のない世界」とは、却って、退屈かつ不便な世界になるようにも思われる。

興味深いことに、戦争の将来像に関するマンデルバウムの展望は、その多くをキーガンとクレフェルトの所説に負っている。前述したように、キーガンとクレフェルトは「政治」という枠組みのなかの戦争という概念には否定的であったはずである。そのキーガンとクレフェルトが、例えば、戦争の「代替可能性（fungibility）」の低下といった、正に「政治」の枠組みのなかで合理的に戦争の将来像を予測している事実は、極めて皮肉な現象であるといわざるをえない。(63) すなわち、クラウゼヴィッツの啓蒙主義的戦争観を批判したはずのキーガンとクレフェルト、そして、マンデルバウムが、「啓蒙思想の罠」なるものに完全に嵌ってしまっているのである。

最後に、「民主主義による平和論」については次項で言及するため、ここでは簡単な指摘に留めるが、仮にマンデルバウム論文の基調となっている「民主主義による平和論」に妥当性が認められるとするならば、同様に、民主主義においては戦争を開始することも困難である一方で、戦争を終結に導くことは一層困難になるとの指摘にも妥当性を認めるべきであろう。(64) すなわち、民主主義的な国家体制こそ、いったん戦争が生起すれば、その国民総動員と強力なイデオロギーによって「すべての戦争を終結させるための戦争」を戦う「十字軍」的な傾向が強いのであり、(65) また、クラウゼヴィッツが指摘したように、「国民」の熱狂こそ戦争を不必要に扇動するものなのである。「国民」はしばしば「政治」や「軍事」を引き摺るものなのであり、民主主義国家が遂行する戦争は敵を「異端視する（demonize）」ことが多いため、結果的に激烈なものになる傾向が強いのである。(66) 第二次世界大戦において真珠湾での奇襲攻撃を受けた米国の反応、また、フォークランド戦争時の英国で見られた国民の強硬論などは、その証左であろう。

また、例えば、第二次世界大戦における連合国側の「無条件降伏」政策を考えてみよう。この問題を巡っては、連合国側の硬直した政策が却ってドイツの降伏を遅らせ、その結果、ソ連の東欧進出を阻止しえなかったとの批判がある一方で、「無条件降伏」政策はソ連に対する保証や同盟諸国間の結束強化といった立場から正当化しうることも事実であろう。また、戦争の「決定的勝利」といった観点から、第一次世界大戦での過ちを二度と繰り返さないため、ドイツに対する完全な軍事的勝利が必要とされたことも事実である。だが、それ以上に重要な要因は、ドイツとの妥協的和平など、「国民」が絶対に容認するはずがなかったという事実である。すなわち、「政治」は戦争で多大な犠牲を強いられることになった「国民」を納得させるためには、どうしても「無条件降伏」政策を必要としたのである。また、二〇世紀の戦争を象徴するものとしてしばしば「総力戦」という用語が用いられるが、ある意味で、「総力戦」とは民主主義の産物にほかならない。

結論として、マンデルバウムは同論文での問題設定を誤ったといえよう。彼は戦争自体が時代遅れのものになったのか否かについては全く触れていない。すなわち、将来において戦争が生起する可能性や、政治の一手段としての戦争の有効性の有無といった戦争を巡る根源的問題に対しては、彼は何ら有益な回答を提示していないのである。戦争と平和を巡る問題は、マンデルバウムが考えているほど単純でリニアーなものではないのである。

（二）　戦争の将来像を探る視点

前項では主としてマンデルバウム論文を手掛りにして、戦争の将来像に対する考察を行ったが、以下、戦争の将来像を読み解く際にキーワードとなりうる諸概念について検討してみたい。

アルヴィン・トフラーとハイディ・トフラーは、いわゆる「情報時代（information age）」の到来のインパクトを強調するなかで、主権国家の消滅、さらには、これら変化に伴う戦争形態の大きな変化を予見していた。[67]このような認識は、戦争に関する文献のなかでも主流を占めつつあり、例えば、オーウェンやナイは、「情報分野における優位を確保できれば、比較的低コストで伝統的な軍事的脅威を抑止・対処することが可能になるであろう[68]」と楽観的に述べている。マーレーによれば、以上のような「技術主義的戦争観」は、一九六〇年代米国のマクナマラの戦争観と酷似しているのである。[69]また、「精密誘導兵器（precision-guided munitions）」に代表される兵器のハードウェアを巡る発展も目覚しく、これらを一体として「軍事上の革命（ＲＭＡ）」と呼ばれているが、定義や概念の曖昧さにもかかわらず、今日では多くの注目を集めている。[70]

だが、今日の「軍事上の革命」を巡る議論はあまりにも「技術」の領域に偏向しているため、戦争を社会的・政治的文脈のなかで捉える視点が欠如しており、また、個別の技術を巡る議論においても、戦争は敵・味方の相互作用であること、それ故、戦争とはパラドックスに満ちており決してリニアーなものではないことなど、戦争に纏わる根源的問題への配慮に欠けているのである。以下、今日の「軍事上の革命」を巡る議論のなかで、その主な問題点を概観する。

第一に、歴史的に見れば、例えばある技術革新を基礎とする絶対的な軍事システムを構築できたとしても、それには直ちに対抗システムが誕生するという、敵・味方の相互作用に注目する時、今日において米国が主導する「軍事上の革命」に対してもいずれは対抗手段が登場するであろうと予測することは全く根拠がないことではない。例えば、戦車の発達とその対抗手段を巡る事例は、このことを如実に物語っている。[71]また、確かに見通しうる将来においては、米国の軍事システムに対抗しうる軍事システムを構築できる国家やその他のアクターの登場を予測することはできない一方で、米国の軍事システムを「麻痺させる（paralyze）」ことは理論的に十分可能であり、また、その場合、米国の軍事システムのなかでひとつのサブシステムと別のサブシステムとを連結する「結節点（connectivity）」と呼ばれる接合部分に何らかの攻撃を加えることは現実に可能なことである。

第二に、「軍事上の革命」を検討する際にしばしば欠落している点として、いわゆるパラドックスの問題が挙げられる。すなわち、「軍事上の革命」が進めば進むほど、これに遅れをとった国家・アクターは、逆に、より原始的な兵器を用いてより原始的な戦争を遂行しようとするのである。そして今日では、この逆説が「欧米流の戦争方法（The Western Way in Warfare）」に対処するための諸々の「非対称戦（asymmetric war）」を生み出す契機となるのである。[72] ヴェトナム戦争でのゲリラ戦はその典型的な事例であろう。また、ある意味で、ドレッドノート級戦艦の登場を最も恐れたのがそれを最初に建艦した英国自身であったという逆説も、戦争を巡るパラドックスを見事に物語っている。何故なら、英国は、自国がドレッドノート級戦艦を建造すれば直ちに他の諸国がこれに追随するであろうし、その結果、従来の英国海軍艦艇がその存在意義を失い、最終的には英国海軍の優位そのものが脅威に曝されるであろうと考えたからである。

第三に、戦争におけるクラウゼヴィッツの「摩擦」の概念に着目すれば、いかに「技術」が発達したとしても、例えば、ハイテク兵器や情報の流れそれ自体が新たなる「摩擦」を生み出すであろうことは容易に推測できるのである。[73]

次に、社会的・政治的文脈のなかでの戦争という観点からいえば、例えば、一七世紀の「三十年戦争」を巡る議論のなかで、この戦争が何故それ以前の戦争と比較して破壊的なものになったのかという問いに対し、火薬の本格的導入という「技術」の要素が挙げられている。しかしながら、ウェーバーが指摘したように、当時の「軍事革命（The Military Revolution）」の本質は火薬の存在などにではなく、それまでには見られなかった極めて規律ある軍隊が登場したという社会的・政治的背景にあったのである。[74] 換言すれば、規律の高い軍隊の存在があって初めて火薬の威力が発揮される環境が整ったのであり、その逆ではないのである。

最後に、仮に「軍事上の革命」によって絶対的な軍事システムが構築できたとしても、次に問題となるのは、その潜在的能力ではなく、実際に社会がそれらを使用することを容認するのか否かということである。すなわち、潜在的な軍事力と現実に使用することが可能な軍事力の間には常に格差が存在するのであり、また、将来においてはこの格差は益々拡大するように思われる。そして、その理由の一端が、例えば、ルトワックの予測する「ポスト・ヒロイック・ウォー――犠牲者なき戦争」である。「ポスト・ヒロイック・ウォー」については後述するとして、潜在的軍事力と実際に使用可能な軍事力の格差を示す典型的事例が、核兵器の存在であろう。端的にいって、核兵器の登場により戦争における勝利と生存の関係が成立しえなくなるにつれて、直ちに核兵器の「非主流化現象（marginalization）」とも呼ぶべきものが始まったのである。実際、この現象が核兵器の登場とともに始まったため、当初、戦術核に代表されるように核兵器を戦場に戻すべく諸々の模索が行われたのであるが、結局、核兵器自体の巨大な破壊力とエスカレーションへの恐怖により、社会や政治がその使用を容認しなかったのである。だが誇張を恐れずにいえば、国家の存続が脅威に曝されている場合を除いて、戦争で究極的に必要とされる兵器は、現実に使用が許容されたものだけなのである。その意味で検討されるべき点は、兵器や軍事システムの能力自体ではなく、将来の社会がどの程度それら「軍事上の革命」の使用を容認するであろうかについてである。

戦争の将来像を探る際、次に問題となるのは主権国家の行方であろう。見通しうる将来、主権国家が完全に「溶解」することはありえないと思われる一方で、少なくとも主権国家が暴力を独占する時代は終わりを告げたことも事実であろう。より正確にいえば、一般的に知られている一六四八年のウェストファリア条約以降の主権国家が戦争を独占しえた時代など全くの幻想にすぎず、その実態は、二〇世紀前半を中心とする極めて限定された期間だけにある程度の妥当性をもつものにすぎない。また、例えば第二次世界大戦以降においても、主権国家以外のアクターが関与した戦争、すなわち、「ノントリニタリアン・ウォー」の数は顕著に増加していたにもかかわらず、「冷戦」の影に隠れたかたちであまり注目されなかったにすぎない。だが将来においては、「ノントリニタリアン・ウォー」の存在は無視しえないものになるであろう。また、主権国家間での戦争においては、キーガンの用語法による「もたざる国」対「もたざる国」といった構図が顕著になるように思われる。(75) その意味では、「主要諸国は、互いに戦闘においていかなる対処法を用いるのかといった心配をする必要はあまりないであろうが、同時に、弱小諸国が非伝統的方法で戦争を遂行するであろうことに対して、いかに対処すべきかについて注目しておく必要がある」とのフリードマンの指摘は、正鵠を射ているものであろう。(76)

確かに、「冷戦」時には慎重さが要求されていた。だが、「冷戦」が過ぎ去った今日、再び戦争の時代が目前に迫っているようにも思われる。何故なら、「冷戦」後、相対的ではあるが戦争を遂行することによって生じるであろう大量破壊の危険性が低下しつつある今日、逆に、戦争が生起する危険性が高くなったとしても不思議ではないからである。次に、興味深いことに二〇世紀は「総力戦」の時代と呼ばれたが、今日では、いうなれば「総力戦」からの乖離現象とでも呼ぶべきものが現れつつあるように思われる。すなわち、戦争は極めて少数の職業軍人とハイテク兵器を用いた短期決戦的な傾向を帯びてきているのである。「湾岸戦争」はその典型的な事例であろう。

戦争とは優れて社会的現象であることを見事に物語っている事例として、「ポスト・ヒロイック・ウォー」が挙げられる。(77)端的にいって、「ポスト・ヒロイック・ウォー」とは、とりわけ米国内で顕著に見られるような戦争での犠牲者を許容しない傾向が強い社会が生まれた原因を、一般に信じられている民主主義体制に求めるのではなく、むしろ、ポスト産業社会における人口基盤に求めたものである。すなわち、ルトワックは、仮に民主主義と戦争での犠牲者への許容度の低さに何らかの相関関係が存在するとすれば、ソ連のアフガニスタン侵攻に際してソ連国内で見られた同様な現象や、それに伴ってソ連軍が実際に用いた過度なまでに犠牲者数に神経質になった軍事戦略を説明することが不可能であるとして、犠牲者数に対する許容度が低下した最大の原因は、いわゆる先進諸国における出生率の低下によるとしたのである。実際、戦争での犠牲者に対して極度に神経質になっている現象は、米国に留まらず、経済的に発展し出生率の低い社会に共通して見られるものなのである。また、しばしば指摘されているマス・メディアの影響に関しても、例えば、ヴェトナム戦争での米国とは異なり、ソ連はアフガニスタン侵攻に際して国内での徹底的な報道規制を敷いたにもかかわらず、戦争の犠牲者に対するソ連社会全体の反応は、本質的に米国内のものと大差がなかったのである。そうしてみると、家族構成といった要素がその時代の戦争観に及ぼす影響も無視できないように思われる。

だが、戦争の将来像を探るうえでさらに重要なことは、はたして出生率の低下と戦争の犠牲者に対する許容度の低下に相関関係が存在するか否かなのではなく、今日見受けられる事実の問題として、戦争で犠牲者が出ることに対して社会全体が強硬に反対しているため、そのような危険性が存在する場合には軍事力を行使できないこと、すなわち、あたかも戦争が不可能になりつつあるように見えることである。

次に、シニカルな表現ではあるが、端的にいって「民主主義による平和論」の強さは、これが、「理念の共和国」としての米国を象徴する民主主義に対する絶対的信仰に基づいた「規範論」であるだけに、また、その定義や概念が曖昧なものであるだけに、その議論の前提条件を含めて反論することが極めて困難であるということである。「民主主義による平和論」の危うさに関しては、すでにラセットやドイルの所説に対してレインに代表される批判が紹介されているので、細部については本項では繰り返さない[78]。しかしながら、思想の問題としてここで重要と思われるのは、「民主主義による平和論」とは近代思想の主流の根底にある進歩主義思想を前提にしたものであるが、今日において、この進歩主義思想自体が行き詰まっているという問題である。また、仮に民主主義が他の制度と比較して最も弊害の少ない政治制度であると認めるにせよ、それを他者に強要することには疑問が残るであろうし、ましてや、民主主義に市場主義経済といった要素が加わり、マーケット・デモクラシーなどという用語が用いられるとすれば、少なくとも受け手側にとっては、これは単なる「もてる国」の論理を前面に出したある種の政治的プロパガンダと認識されるのである。その意味では、「民主主義による平和論」とは「現状維持国による平和論」と大差がない。実際、「現状維持国による平和論」は、「民主主義による平和論」よりも今日の国際政治の実情をより真実に近いかたちで表現しているように思われる。すなわち、現状維持国の多くが、偶然にも民主主義的な国家政治体制であるにすぎないともいえる。そうしてみると、「民主主義による平和論」とは、国際政治における米国を中心とする欧米先進諸国の行動に正統性を付与するために用いられた、普遍的なものを通じて国益を表現すべくある種の「言葉遊び」にすぎないようにも思われる。

ところで、この「言葉遊び」なるものは戦争の領域においても盛んに用いられている。もちろん、この「言葉遊び」は、後述する「時代精神」と密接に関連しているため、全く無意味なわけではなく、逆に、必要ですらある。しかしながら戦争の本質を探るという観点からは、例えば、戦争を「紛争」や「武力介入」といった用語に置き換えることなどは、国際法上の利点を別とすれば、結果として、戦争が内包する危険な本質から目を反らすことになるようにも思える。

戦争とは優れて政治的「力（ヴィルトゥ）」の問題であるため、人類が「力」に係わる存在である限り、当然、戦争は続くことになる。戦争とはある問題を解決するひとつの手段である。確かに、人類は常に戦争のコスト、非生産性、そして、特に倫理の問題を取り上げてその「悪」を強調してきた一方で、問題の解決につながる別の有効手段を見つけられないまま常に戦争という「悪」に頼っている。また、戦争とは「暴力」と「熱狂」に係わる行為であり、人類が「暴力」と「熱狂」に係わる存在である限り、当然、戦争は続くことになる。

思えば、平和を「常態」とし、戦争を「逸脱」と捉える視点は根本的に誤りである。確かに、戦争は負の側面を多く含むものではあるが、決して平和の「影」のような存在ではない。その意味において、戦争を軽視することは平和を軽視することにつながる。それが、「平和を欲するのであれば戦争に備えよ（Si vis pacem, para bellum.）」の意味するところである。

戦争自体が消滅しえない一方で、戦争の形態は時代に応じて変化を遂げるものであることはいうまでもない。クラウゼヴィッツやデルブリュックが指摘したように、あらゆる時代にはその時代に固有な戦争が登場するのであり、その意味では、二一世紀には二一世紀の社会に固有な戦争形態が存在するはずである。問題は、それがいかなる形態になるかを見極めること、また、可能であればそれを極力抑制する方策を考えることなのである。

(三) 三たび戦争について——戦争を考察するための五つの視点

かつて、クラウゼヴィッツは『戦争論』のなかで、戦争とは「政治」「軍事」「国民」という「三位一体」の要素が織りなす複雑な現象であると指摘した。もちろん、これらはあくまでも抽象的表現にすぎず、「政治」とは政府が戦争を遂行するにあたって追求する合理的な政治目的を意味する。また、「軍事」とは基本的には軍部の戦争計画を指すのであるが、そこには、戦争がそれ自身の「文法」を有するという戦争の「自己目的化」の危険性が含まれている。「国民」とは元来、熱狂といったしばしば戦争を極限にまで推し進める非合理な要素として捉えられているのであるが、それを敷衍して、広義の意味での国民の意識と置き換えてもよいであろう。そしてクラウゼヴィッツは、戦争とはこれら三つの要素が複雑に交錯した人類の営みのひとつであるとしたのである。また、『戦争論』のなかで明記されているわけではないが、クラウゼヴィッツの戦争観をごく常識的に解釈すれば、彼がこの三つの要素のなかでも特に「政治」を重要視していることは間違いないであろう。

これに対してハワードは、クラウゼヴィッツの「三位一体」の概念をさらに発展させ、一八三〇年代以降、いわゆる産業革命の影響が徐々に戦争の分野にも及んできたことを受けて、また、それに伴い「戦争の産業化(industrialization of war)」が進んできたことを受けて、戦争を考察する際に必要とされる新たな要素として「技術」の存在を挙げている。(79) すなわち、産業革命は人類の戦争観や現実の戦争形態に大きな変化を齎したのであるから、産業革命以降の戦争を研究する際には技術に対する理解が不可欠となり、この要素を抜きにして戦争という現象を包括的に捉えることは不可能になったのである。だが同時にハワードは、それ以前の戦争においては技術の進歩が極めて緩慢であった事実も認め、それ故、『戦争論』のなかで技術に対して殆ど言及しなかったクラウゼヴィッツに対しても一定の理解を示している[80]。実際、産業革命以前の戦争のなかで技術が占める割合は、極めて低いものに留まっていたのである。

だが、戦争における「技術」の要素に関していえば、例えば「軍事革命」と呼ばれる戦争における大きな変化については、一六世紀から一七世紀にかけてのヨーロッパでの「軍事革命」をはじめとして多くの事例が研究される一方で、興味深いことに、それらの「軍事革命」のなかで、技術が社会全般の変化や戦争形態の変化に及ぼしたとされる影響は極めて限定されていたと指摘されているのである[81]。端的にいって、「技術」という要素の重要性は否定できないものの、「技術」それ自体が戦争の本質に大きな変化を齎すと考えるのは誤りであろう。

これら議論を受けて筆者は、とりわけ二〇世紀以降に顕著になってきたさらに新しい要素として、「時代精神（Zeitgeist）」の存在を加えたい。戦争を考察する視点として少なくとも必要とされるこの第五番目の要素である「時代精神」とは、例えば、国際法やそれに基づいた社会的規範といった狭義のものだけに留まらず、より広い意味での戦争に対する個人の価値観や国家の行動規範、さらには、国際社会での戦争に対する許容度などが含まれるのである。確かに、国際法の整備と平和には、必ずしも正の相関関係が存在するとはいい難い。何故なら、戦争が生起する頻度、さらには戦争の破壊力や犠牲者数が飛躍的に上昇したからこそ、国際法の整備が急がれたのであろうし、また、ベストが鋭く指摘しているように、二〇世紀における戦争に係わる国際法には、常に「留保条件（reservation）」という抜け道が残されていることも事実である[82]。しかしながら、戦争を抑制するうえで国際法の果たした重要な役割は過小評価されてはならないのである。

また、確かに「時代精神」といった概念は曖昧であり、誤解を招き易いものである。「世論」といった用語と同様に、「時代精神」は究極的には不可測な要素であり、また、あるひとつの出来事を契機として急激に変化しうるものでもあろう。だが同時に、このような漠然としたもののなかに真実が宿ることも事実であり、実際、戦争に対する人類の価値観や行動規範、さらには許容度などが歴史を通じて大きな変化を遂げつつあることは否定できず、また、とりわけ二〇世紀前半をひとつのメルクマールとして、その「時代精神」に顕著な変化が見られたことも認めざるをえないのである。[83] 加えて、確かに「時代精神」には、国際政治の主要アクターたる欧米の価値体系を強要する側面が含まれていることは事実であろう。実際、国際法や社会規範などは極めて政治的な産物であり、価値中立的ではありえないからである。しかしながら、そのような国際法や社会規範などを通じて、その時代の「時代精神」が形成されているのは、少なくともそこに何らかの「普遍性」が存在するからにほかならない。

繰り返しになるが、この二〇世紀における「時代精神」の変化を象徴するものには、例えば、一八九九年の「ハーグ条約」を筆頭に、国際連盟規約や「パリ不戦条約」、さらには国際連合憲章や一連の軍縮・軍備管理条約に代表される国際法上のものが比較的理解し易い具体的な事例として挙げられるが、同時に、例えば二度に亘る世界大戦を通じて形成された、戦争に対する人類の認識といった不可測な要素も見落としてはならないのである。そして、これらが一体となったかたちで戦争を抑制する方向に進みつつある。この点に関して確実にいえることは、戦争に対する人類の許容度は、戦争における破壊力の強大化とも相俟って、大幅に低下し続けていることである。端的にいって、今日では、「自衛戦争」と国連から正統性を付与された軍事行動以外に戦争の「正義」を確保することは極めて困難であり、また、これらの戦争ですら諸々の法的・政治的制約、さらには社会的・倫理的制約が課せられているのである。

また、前述したルトワックの戦争と出生率の低下との相関関係に着目した「ポスト・ヒロイック・ウォー」といった概念も、今日の「時代精神」の一面として捉えることができるであろう。さらに踏み込んでいえば、最近の「精密誘導兵器」の発達などは、技術の急速な発展もさることながら、同時に、戦闘員と非戦闘員とを問わず、戦争での犠牲者数を最小限に抑えるべきであるという「社会の要請」の産物にほかならないのである。例えば、発電所やダム、さらには橋梁などに対するピンポイント攻撃は、精密誘導兵器が可能にした敵側のインフラストラクチャーの破壊といった軍事目的に適っていることはいうまでもないが、同時に、敵側の犠牲者数ですら最小限に留めなければ戦争の「正義」を確保できないといった政治的計算がその根底にあることも事実であろう。その意味で、「湾岸戦争」は戦争の将来像を探るうえで示唆的な現象であった。

ただし同時に付言すべきは、はたしてこの「時代精神」なるものが、平時と同様に戦時においても支配的であり続けるか否かに関しては議論の余地が残るところである。何故なら、平時と戦時では全く異なる「時代精神」が支配する可能性があることは、歴史の教えるところであるからである。例えば、第一次世界大戦勃発に際してのフランス国内での「神聖同盟（Union Sacrée）」やドイツ国内での「城内平和（Burgfrieden）」は、その典型的な事例であり、実際、これらの事例は「国民」の熱狂の危険性を実証したものである。(84)

以上、極めて抽象的表現ではあるが、戦争が主として「政治」「軍事」「国民」「技術」「時代精神」といった五つの要素から構成される現象であることを述べた。それ故、戦争を包括的に理解するためには、少なくともこれら五つの要素に対する考察が必須となる。逆に、これら要素のいずれかひとつに対する視点を欠いた戦争研究は、結局は無意味なものに終わるであろう。戦争とは、優れて社会的現象なのである。また、そのなかでも特に「政治」の要素は重要であり、「政治」の側面を無視した戦争遂行および戦争研究は、却って危険な結果を招くだけに終わるであろう。戦争とは、極めて危険な政治的行為なのである。

おわりに

以上、政治と戦争の関係を中心に戦争の考察を進めてきたが、いうまでもなく、戦争とは必ずしも政治目的に沿ったかたちで遂行される合理的行為であるわけではなく、不可測かつ非合理的な要素を併せもった社会的現象のひとつなのである。その不可測で非合理な要素を多分に含む戦争に対して、合理的な説明を加えようとする試みには多くの困難を伴うのであり、実際、本論の限界もそこにあるのであろう。

また、戦争とは「恐怖」「名誉」「利益」といった人類に固有の要素から生じる複雑な現象のひとつであるため、それが簡単に消滅すると考えることは早計であろう。結局、人類は核兵器を保持しているか否かにかかわらず、必要と思えば戦争という手段に訴えるものなのである。ケーガンが鋭く指摘しているように、残念ながら「ヤヌスの門」はそう簡単には閉じられることはなく、戦争は続くのであろう。(85) 周知のように、紀元前二九年、当時のローマ皇帝アウグストゥスはローマの「ヤヌスの門」を閉じるよう命令した。これはローマ市民に対して皇帝が、ついに永続的な平和が到来したことを告げるための象徴的な儀式であったが、残念ながら、その後の平和は長く維持できず、戦争は続いたのであった。また、平和を維持するためには、敢えて戦争を覚悟する意志と能力を備えるしかないという「戦争と平和を巡るパラドックス」も未だにひとつの真実である。

そうしてみると、この意味では、戦争は自然災害や病気と同様に「飼い慣らす」べき性質のものなのであろう。もちろん、一方でいかなるかたちによるにせよ戦争を抑制する努力が全く無益なものであるはずはなく、実際、戦争を抑制しようとする試みは戦争の歴史と同様に長い歴史を誇っているのである。

戦争の将来像を探るにあたり、第一に、「時代精神」が戦争を許容するであろうかといった問題が挙げられるが、この点に関しては、戦争は「必要悪」ではなく、「絶対悪」であると認識され始めているとする以上の回答は提示できそうにない。何故なら、仮に戦争を絶対悪とみなしたとしても、それが直ちに戦争の消滅へとつながるわけではない。次に、「技術」の問題に関しても、「技術」とはいわば両刃の剣であり、その発展が直ちに戦争の抑制や「人道化(humanization)」につながるわけではない。さらには、「国民」もアンビバレントな存在であり、戦争を一層残虐なものにする危険性さえ孕んでいる。最後に、「政治」と「軍事」の問題に関しても、卓越した政治指導を以って戦争を生起させることも抑制することも可能であろうし、同様に、卓越した軍事計画によって戦争生起の可能性が上昇するとも低下するともいいうるのである。また、戦争の将来像を探るにあたって最も重要となることは、はたして、将来においても戦争が政治の一手段となりうるのかという問題であるが、近年の「湾岸戦争」や続発する「地域紛争」から判断する限り、その答えは肯定的にならざるをえない。

そうしたなかでも特に「政治」と「軍事」の関係を巡っては、将来もその古くて新しい問題が人類を悩まし続けることになるであろう。すなわち、一方で、現実の戦争において「政治」が「軍事」を統制すべく過度に介入を試みれば、例えば、ヴェトナム戦争での米国に代表されるように失敗を被ることが多く、逆に、「政治」が「軍事」に対してある程度の自由裁量を認めれば「湾岸戦争」のような成功を齎すこともあるという歴史の事実と、他方、クラウゼヴィッツ的戦争観の根底にある「政治」による「軍事」の統制といった「規範論」との矛盾である。もちろん、ここで重要なことは、教条的な「政治」による「軍事」の統制などではなく、その均衡点を模索することなのであろうが、前述したように、現実の戦争は「机上の戦争」とは違い、すべてが理想的に進むわけではないのである。抽象的な表現ではあるが、いつの時代にも、「政治」による「戦闘規約（Rules of Engagement）」と「軍事」による「任務戦術（Auftragstaktik）」の葛藤に対しては、有効な回答を提示できないのである。

翻って戦争の将来像と日本の安全保障との関連でいえば、時代の国際社会に順応し、かつ、日本の国益に沿うような、いうなれば「日本流の戦争方法（The Japanese Way in Warfare）」の構築が早急に求められているように思われる。[86] いうまでもなく、「日本流の戦争方法」とは、あくまでも抽象的な表現にすぎず、断じて戦争を積極的に肯定するものではない。むしろ、その意味するところは、例えば、軍事力の在り方といった狭義の思考を超え、日本が置かれた地政学的条件や過去の歴史、さらには、日本の文化的価値観や戦争に対する許容度などに十分に配慮した、日本独自の国家戦略思想なのである。また、このことが直ちに、過去において日本が独自の国家戦略思想をもちえなかったことを示唆するわけでもない。逆に、例えば、いわゆる「吉田ドクトリン」には、もう少し高い評価が与えられて然るべきであろう。だが同時に、日本が積極的に国際秩序形成に参加するという意味において、新たなる国家戦略思想が必要とされているのである。

かつて英国は、「英国流の戦争方法（The British Way in Warfare）」と呼ばれる国家戦略を用いて大英帝国の維持・運営を図った。(87) また、今日までの米国は諸々の批判を浴びつつも、その圧倒的な産業力と民主主義というイデオロギーを基盤とした「米国流の戦争方法（The American Way in Warfare）」を確立しつつある。(88) そうしたなか、将来、日本にとって重要となることは、独自の「世界観」に立脚した「日本流の戦争方法」なるものを構築することが可能か否かである。繰り返しになるが、「日本流の戦争方法」とは、例えば、朝鮮半島の存在が日本の安全保障に与える地政学的意味であるとか、また、海洋国家としての日本の将来などの議論に代表される、極めて表層的な事象に留まるものではない。それ以上に、国家としての日本の戦争観と国際秩序観、具体的には、仮に戦争といった緊急事態が生起した際、日本がどの程度国際社会での責務を果たす意志があるのか、また、本当にそれを日本の国家政策の一手段として有効活用することが可能であり、かつ、それが許されるのかといった根源的問題を多層的に議論することこそ、「日本流の戦争方法」を構築するための第一歩なのである。

（石津　朋之）

第二章　軍事力の担い手の過去と将来

はじめに

軍事力の担い手、すなわち軍隊の過去と将来を見る。これが本章の主題である。われわれが武力組織のなかでもっとも正当なあり方であると認識しているのは、国家の行使する軍事力の担い手である国軍である。破綻国家内における武装集団やテロリスト集団、海賊など、さまざまな形態の軍事力の担い手が登場している現在、国軍は将来とも軍事力の担い手の主流たりうるのか。

かつてクラウゼヴィッツは戦争とは、かたちを変えた政治の継続であると説いた。戦争の政治性をよく認識した彼は、戦争とは政治目的実現のための手段であり、またそうであるべきだと訴えた。彼の議論の前提には国民国家の登場がある。クラウゼヴィッツの思索はナポレオン戦争の熱火のなかで錬成された。いうまでもなく、フランス革命によって国民国家が初めて登場し、引き続き国民国家（フランス）の戦う戦争（ナポレオン戦争）が展開された。この戦争の形態、激烈さはこれまで知られたことのないものであり、これを経験したクラウゼヴィッツはきたるべき戦争の主流は国民国家の戦争であることを認識し、そのような時代における戦争論を説こうとしたのである。彼の有名な三重構造体論、すなわち、政府、軍隊、国民の三要素が織りなすなか、戦争が展開されるとの所論は、国民国家の時代の到来をクラウゼヴィッツがよく認識していたことの証である。(1)

戦争とは政治目的実現のための手段であるべきだとの彼の規範的主張は、国民国家の時代であるからこそ、実現が可能になる。国民国家の時代において、政府は軍隊をよく掌握し、軍隊は政府の定めた政治目的実現のために奉仕する道具的存在となる。このような政軍関係の存在がクラウゼヴィッツの主張を支えているのである。(2)

ところで、国民国家において政府が軍隊を完全に掌握しているとの論点は、われわれにマックス・ウェーバーの展開した有名な議論を想起させる。ウェーバーの定式化に従えば、国家とは「一定の領域の内部で、正当な物理的暴力行使の独占を要求する人間共同体」である。(3) 中世において社会内に拡散されていた物理的暴力が主権者（国家）のもとに集中独占されていったことが、近代国家成立のひとつの標識であるとひろく認められているが、国家に集中独占された物理的暴力は、具体的には警察および軍隊として現れる。警察は対内的な物理的暴力行使（治安維持）の任に、軍隊は対外的な物理的暴力行使の任、すなわち領土拡張や対外的影響力拡張、国家防衛の任に特化していった。そして、そのような軍隊が「国軍」と呼ばれる。現在までの軍事力の役割に関するわれわれの常識的な理解は、この線の延長上にある（もっとも第二次世界大戦以降は、自衛権に基づく防衛任務が国軍のもっとも正当な役割とひろく認識されるようになった）。

しかし、近年になって、テロリスト集団、旧ユーゴや旧ソ連（チェチェンなど）の破綻国家に見られるような国軍とは異なるタイプの武装集団が登場している。また従来の国軍もＰＫＯ活動や麻薬対策、テロ対策など、従来の理解における対外的影響力の拡張とも、また狭い意味の国家防衛の任務とも異なる多様な任務に従事するようになった。これら一連の事象は、今後の軍隊のあり方を考察するにあたってはもっと根本的な次元にまで目を向けなければならないことを示している。すなわち、国民国家の運命や国際秩序の変化の次元にまで踏み込んで検討すべきであるということである。軍隊のあり方はそれぞれの時代における国際秩序のあり方にもっとも強く規定される。

本章ではまず、ウェーバーの有名な定式を出発点に、軍隊を歴史的に考察し、近代国家成立後も実際には、多様な形態の軍隊が存在したことを指摘する。そして、国家成立後も存在したこれらの多様な軍隊が一九世紀から二〇世紀にかけて、何故廃れていったのかを検討し、これらの議論を踏まえた上で、将来の軍隊の姿や任務を考察したい。

第一節　国軍以外の軍隊

周知のように、国家は中世秩序の弛緩の見られ始めた一三世紀頃からウェストファリア条約の成立を見る一七世紀にかけて次第に形成されてきた。この国家は一八世紀には君主を主権者とする絶対王政国家にまで発達したが、フランス革命によって国民主権の原則にたつ国民国家の登場を見ることになった。とはいえ、実際にはナポレオン戦争後のウィーン体制下で王政復古の反動が暫時見られたため、欧州大陸全土にわたる本格的な国民国家の形成は一九世紀後半以降のことだといっても許されるであろう。

ところで、近代国家の成立に伴って、官僚制の発達と結びついて常備軍が形成され、やがて現在のような国軍が成立していったとするのがよく知られた通説となっている。しかし、そのことからただちに、近代国家の成立後、国家が物理的暴力手段を集中独占するようになったといえるわけではない。歴史を微視的に見ると、一九世紀に入っても依然として、常備軍（国軍）以外の軍隊が存在していた。例えば、そのようなものとして傭兵、私拿捕船、商社の軍隊が挙げられる。

（一）傭兵

傭兵は中世末期以来の長い歴史をもち、その形態もさまざまであり、一義的な定義を与えることは困難である。一般通念上、母国の国軍以外の軍隊に勤務する兵士であり、勤務の動機がもっぱら金銭的なものである場合、その兵士は傭兵であると考えられることが多い。現代のアフリカにおいて、鉱山会社の利権防衛のために組織された私的軍隊（プライベート・アーミー）に高額の報酬を期待して勤務する兵士は「ソルジャー・オブ・フォーチュン（soldier of fortune）」と呼ばれることがあるが、これが典型的な傭兵であることについて異論はないであろう。しかし、傭兵と呼ばれるものにはさまざまなバリエーションがある。母国の国軍以外の軍隊といっても、外国の国軍である場合もあれば、国軍以外の武装集団である場合もある。勤務の動機も金銭的なものとは限らず、なんらかのイデオロギーや大義に報じたいとする動機もある。例えば、一九三〇年代後半のスペイン内戦時において共和国軍支援のために組織された国際義勇軍は、正規国軍以外の武装集団であり、そこの兵士は「反ファシズム」の大義に呼応して参集した。その一方、現代先進諸国の多くの国軍では志願制が採用されているが、この制度下において兵士は一職業として勤務していることになり、従ってその動機は主に金銭的なものであるといっても間違いではない。その場合、これらの志願制兵士を傭兵といえるのか。一般通念上、それは傭兵とは考えられていない。このように検討すると、金銭上の動機は傭兵の標識とはなりえず、母国国軍以外の軍隊に勤務することでもって傭兵の標識とするのが、さしあたりここでの考察においては適当であろう。(4)

ところで、一七世紀の近代国家形成期における三十年戦争時のワレンシュタイン率いる傭兵軍は強力な軍であり、一時はある種の独立王国を樹立しうるほどの勢いをもったことで有名であるが、これは国家の常備軍とは異なるものであり、君主によって雇われるアントルプルナーの組織したプライベート・アーミーであった。(5)

やがて近代国家の形成に伴い、常備軍が整備されていったが、その常備軍には多くの外国人傭兵が勤務していた。この意味での外国人傭兵の全盛期は一八世紀であるが、例えば、プロシア軍に占める外国人将兵の比率に関する調査によると、一八世紀初め頃に三四%であったのが、一七四三年に六六%、一七六八年に五六%、そして一七八六年には五〇%と推移した。英国では一六九五年に二四%であったのが、一七〇一年に五四%、一七六〇年代には三八%の数字を示した。(6) 諸国の常備軍における外国人傭兵の存在は一七世紀から一八世紀においてヨーロッパでよく見られる普通の出来事であったが、当時の君主はこれら傭兵の出身国（国籍）は意に介さず、もっぱら軍事的技量を備えた人材を求めた。そして、この要求に応えうる国際的な人材市場が全ヨーロッパ規模で広がって存在していたのである。

傭兵に伴う問題として古くから指摘されているのは逃亡の問題である。かつてマキャベリは傭兵を蔑視し、市民軍の樹立を渇望したものであったが、つまるところ傭兵はもっぱら金銭的動機に従って動くものにすぎず、生命を賭して戦う兵士ではなかった。マキャベリはその著『フィレンツェ史』のなかで傭兵を軽蔑して述べている。「二〇時から二四時にわたった戦闘でたった一人しか戦死しなかった。しかも傷を受けることもなく、果敢な一撃によって打ち倒されたわけでもなく、馬から落ちて踏みにじられて死んだのである」(7)。この逃亡の問題は無視できないものではあったが、ここでの本質的な問題ではない。常備軍における外国人傭兵に伴う重要な問題は中立の問題と関連して生じることになった。この問題は次節でふれることにしたい。

（二）　私拿捕船

私拿捕船（privateer）とは、戦時になると敵船の攻撃・捕獲の許可を政府（君主）から得て戦闘活動に従事する民間の武装船のことであるが、一八五六年のパリ条約によって禁止されるまで存続しつづけた。(8) 私拿捕船は早くも一三世紀に英国によって始められ、フランス、北アメリカ領植民地もこれを行った。有名なものとして、一七世紀のエリザベス女王時代にスペインを打ち破り英国の海上覇権の確立に大きく与ったフランシス・ドレイク、ウォルター・ローリーなどの「シー・ドッグズ（Sea Dogs）」があげられるが、私拿捕船がもっとも活発に活動したのは一八世紀のことである。[9] この私拿捕船は、戦時に敵船の攻撃・捕獲を行って、許可を与えた政府（君主）に貢献したが、問題は、平時においても敵国でなくなった国の商船を襲撃することが多く見られたことである。その場合、それはもはや私拿捕船ではなく、単なる海賊（piracy）にすぎない。平時におけるこのような海賊行為は、講和条約を締結し敵対関係にはなくなった外国との緊張をもたらすものであったため、本国政府は時にはこれを禁止しようとしたが、しかし、この禁止措置は徹底したものにはならなかった。ひとつには次の戦時に備えて、すぐれた戦闘技量を備えた武装船を温存する必要があったからである。もうひとつには、当時の上流階級の人々がこれらの民間武装船に多大の投資を行っていたことがある。私拿捕船であるにせよ海賊であるにせよ、その略奪行為によって投資者には多くの富の見返りがもたらされ、一八世紀の英国では私拿捕船の利益を代表する政治的ロビー活動も見られたといわれる。[10]

ここで、私拿捕船を整理すると、武装船の所有者も乗組員も共に民間人であり、彼らの基本的動機は経済的富の追求にあったが、戦時にこれらに拿捕の許可を与えたのは政府（君主）であり、その政府の目的は敵国により多くの打撃を与え、戦争を有利に展開しようとすることにあった。政府は拿捕船を自ら保有していないものの、許可の付与を通じて、一般社会内に依然として拡散されていた物理的暴力をコントロールし、政治目的のために利用しようとしたのである。しかし、動機においても目的においても、政府と民間武装船所有者・乗組員の間に大きな相違があったため、海賊行為に伴うさまざまな問題が惹起された。私拿捕船の時代の国家は物理的暴力の集中独占をなしえなかったため、次善の策として民間に拡散された物理的暴力をコントロールし、国家目的のために利用しようとしたといえるであろう。

（三）　商社の軍隊

一六世紀から一八世紀にかけて存在した国軍以外の軍隊として、オランダ東インド会社、英国東インド会社、ハドソン湾会社といった特権商社の軍隊があげられる。これらの会社は通常の民間会社とは異なり、国王からの設立勅許に基づいて設立されたものであり、外交権を始め、事実上、国家主権に近い特権が付与された存在であり、独自の軍隊を保有していた。そして商権をめぐって他の会社と軍事衝突を起こしたり（intercompany conflict）、本国が戦時にあるときには、これに呼応して敵国の会社や植民地領を攻撃したものであった。しかし、本国の外交方針と会社の利害が背馳した場合には、本国の方針には従わず、会社の利益に従ってその軍隊を動員するという独自性を発揮した。(11) このような会社は、今日の用語でいえば、プライベート・アーミーを備えた非国家主体である。これらの非国家主体が存立しえた地域は、東アジアやアフリカ、未開拓の北米大陸などであった。これらの地域にはもっぱら植民地ないし属領が広がっていたのであり、近代的な国家間システムはまだ及んでいなかった。東インド会社等のプライベート・アーミーはそのような国際秩序のあり方に見合って存在しえたのである。

そのほかの軍隊の例として、一九世紀の米国において見られたフィリバスター（filibusters）がある。これは民間の野心的な有力者が州軍や連邦軍の部隊を自ら指揮して、領土拡張を図ったものであるが、これは米国に限って見られた特殊な事例といえよう。(12)

以上、概観してきたように、近代国家が成立した後も多様な形態の軍隊が存在したのであり、決して国家は社会内の物理的暴力を一元的に集中独占して警察および国軍のみに集約しえたわけではなかった。私拿捕船のように民間有力者が物理的暴力手段を保有したものの、国家がその活動に正統性を与え、動員についての意思決定権を握っていたものもあれば、東インド会社の軍隊におけるように保有も意思決定も国家以外のアクターが行っているものもあった。また、将官・兵士が軍に参加する際の動機において、傭兵軍のように金銭的なものが中心になっている軍隊もある。その場合、軍隊の動員についての意思決定を行う者は、市場メカニズムを通じて兵士を調達することになる。

このように多様な軍隊が存在した時代において、当然ながら軍隊の役割もそれに応じてさまざまなものとなった。いうまでもなく常備軍は国家（君主）の政治目的実現のために存在したが、一八世紀においては、それは王位継承権をめぐる争いや領土拡張のために動員された。私拿捕船は許可を与えた政府（君主）の政治目的のために動員されたが、その保有者や投資者にとってはもっぱら経済的富の追求のために利用されたのであり、東インド会社の事例にあっては、その軍隊は商権の拡張や防衛のために動員されたのである。

ところで、これらのさまざまな軍隊は、一九世紀後半に入って消滅していった。次節でその経緯と原因を見ることにしたい。

第二節　国民国家

近代国家成立後も、現在見られる国軍とは異なる多様な軍隊が存在したが、これらは一九世紀後半になって消滅し、自国民から構成される国軍が軍隊の正当なあり方であるとひろく認識されるようになった。現在でもフランス軍外人部隊の例は見られるものの、それはマージナルな存在にすぎない。何故、多様な軍隊が消滅したのか。結論を先回りして述べると、近代的な国家間システムの成熟と国民国家の成立・発達が主な理由である。そのことは、私拿捕船の禁止、外国人傭兵規制や商社の軍隊が消滅した経緯から伺えることである。

（一）国軍以外の軍隊の消滅

国軍以外の軍隊の消滅を促す重要な契機となったのは、国家間システムにおける動きである。とくに私拿捕船や外国人傭兵の場合、それぞれが消滅するに至った具体的な経緯は異なるものであったが、いずれも中立の問題を契機として消滅のプロセスが始まった点において共通のものがある。

私拿捕船の禁止

もともと私拿捕船は弱小海軍国の武器であり、英国もかつて私拿捕船を利用してスペインの海上覇権を打ち破ったものであったが、やがて世界最大の海軍国になると、その必要性が薄れるとともに、逆に私拿捕船（平時における海賊）の弊害に苦慮するようになった。特にロンドンは世界最大の保険業を擁していたが、一九世紀になると私拿捕船による被害に遭った海外船主に対する保険金支払いの負担の大きさが無視できないものになった。こうして、英国は私拿捕船の禁止を求めるようになったが、問題は他の弱小海軍国の動向であった。この私拿捕船の問題とは別に、たまたま、この時期において、中立国船舶に対する交戦権の行使（中立国船舶に積載された敵国向け物資に対する臨検）をめぐって、英国とそれ以外の諸国との間で論争がなされていた。強力な海軍力を擁する英国としては、海上交戦権をひろく行使したいのに対し、中立国はそれを制限することを求めた。この問題は中立の概念（中立国の権利・義務）をめぐる問題であり、すぐれて国家間システムのあり方に関係する問題であった。この問題をめぐってロシアを中心に外交的取り引きがなされ、その結果は一八五六年のパリ条約に盛り込まれた。海上交戦権を制限的に運用し、中立国船舶の権利を強化する代わりに、私拿捕船を禁止するという内容のものであり、ここに国際法上の原則として私拿捕船の禁止が確立されたのである。(13)

傭兵の規制

外国人傭兵問題の場合は直接、中立の問題と結びついて惹起された。外国人傭兵廃止に向けての国際規範作りの大きな契機となったのは米国の動きである。外国との戦争に巻き込まれることを強く恐れ、孤立主義に固執していた米国にとって、自国民が外国での軍事活動に参加することは困惑の種となるものであった。一九世紀初頭のナポレオン戦争の際、フランスが米国民の私拿捕船に英国船への襲撃をさせたことから問題が生じた。この襲撃事件を受け、英国政府は、米国政府が私拿捕船による英国船攻撃を容認することは米国の中立政策に反するものであるとの抗議を行った。独立戦争以来、米仏両国は友好関係にあったが、当時の国務長官ジェファーソンはフランスからの対仏支援要求を退けて、厳しい中立政策を確立しようとした。ジェファーソンは、米国内において外国のエージェントが傭兵の徴募を行うことは米国の主権に対する侵害であり、また、この徴募に応じた米国民は自国への義務に違背したことになると論じて、これらの原則を具体化した中立法（Neutrality Act）を一七九四年に成立させた。この中立法によって、米国民が外国の軍事活動に参加することが禁じられ、また米国領土内で傭兵徴募が行われることもすべて禁止されたのである。(14)

ちょうど同じ頃、英国政府も自国民が傭兵として参加することを規制する方向へ動き出した。英国はその常備軍の維持にあたって外国人傭兵に大きく依存している国ではあったが、自国民が外国軍傭兵として参加することによって引き起こされる外交上の緊張を回避することを求めるようになった。一八一四年に英国はスペインとの二国間条約において、南米スペイン領における植民地独立を求める反乱軍に自国民を参加させないことを約束した。そして、一八一九年には、外国傭兵法（Foreign Enlistment Act）を成立させて、英国民が外国の軍隊に参加することを規制し、引き続き、一八七〇年にさらに規制内容を強化した外国傭兵法を定め、英帝国内のすべての臣民に同様の規制措置を講

じたのである。(15)

もともと外国人傭兵は数百年にわたって国際的に確立された慣行であり、中立を図る関係上、自国兵士を外国軍に傭兵として勤務させることを禁じる場合でも、もっぱらその都度の二国間条約や宣言によってアドホックに処理されてきた。すなわち、傭兵規制は原則の問題ではなくその都度の政策の問題にすぎなかったのである。一七九四年の米国中立法が画期的な点は、外国傭兵の規制措置をその時々の外交関係に左右される便宜的な措置としてではなく、原則の問題として立法化したことにある。そして、その後、一九世紀を通じて、外国傭兵規制措置は世界の諸国によって採用されていったのである。

商社の衰退

英国やオランダにおいてさまざまな商社が存在したことに応じて、その衰退をもたらした理由にも多様なものがあった。過大な軍事費負担による財政的な破綻、他の競合商社による吸収合併などがそれらの理由として挙げられる。また、自由な通商を求める商業勢力の不満を背景に、貿易独占の特権の是非をめぐる国内政争が引き起こされ、その結果、特権商社に規制が加えられることもあった。けれども、この種の商社のなかで巨大な商社であった英国東インド会社やハドソン湾会社の場合は、外交的な必要に迫られるなかで、本国政府によって廃止されたり（東インド会社）、外交権、軍事権などの特権が次第に剥奪され、通常の民間会社に転じていった経緯が見られた（ハドソン湾会社）。いま、代表的な例として英国東インド会社を取り上げると、一八世紀後半に入ると、インドにおいて国家主権に近い特権をもつ東インド会社のあり方が下院で問題視されるようになり、一七八四年に成立した法律により、東インド会社は政府の委員会の統制下に置かれることになった。インド現地における統治は依然として東インド会社の名のもとで行われたものの、この措置によりインドは実質的に英国政府の統治のもとに置かれた。しかし、インドが法的には国家主権のもとにないことに変わりがなく、かねてからさまざまな外交上の不便さをもたらしていた。例えば、七年戦争終結後のパリ講和条約（一七六三年）の交渉に従事した英国外交官たちはインドの取扱いに苦慮した。国家間システムは明確な境界で区切られた領域において排他的な主権をもつ国家によって構成されるものであり、当時のインドは国家間システムのなかで処理するにはなじまない存在であった。その後、東インド会社の貿易独占の特権が廃止されるといった紆余曲折を経て、漸く一八三四年に東インド会社はすべての商業活動から撤退し、英国のインド統治の現地代理機関となった。そして、セポイの反乱を契機に、一八五八年になって東インド会社のすべての特権は名実ともに政府に移管され、一八七四年に東インド会社は解散させられたのである。(16)

私拿捕船禁止、米国における中立法成立や英国における外国傭兵法成立、商社の衰退の経緯を一瞥して明らかなように、国家間システムの次元における圧力が禁止や規制措置の重要な契機となっていた。とくに中立のあり方（中立国の権利と義務）の問題と深く関連して、外国傭兵のあり方が差し迫った外交問題として鋭く提起されたことに注目したい。この問題は当初、ケース・バイ・ケースで便宜的に処理されたが、結果的に傭兵規制がひとつの原則として確立され、国際的な規範となっていったのである。国家の成立に伴って近代的な国家間システムが形成されていったが、その成熟の過程で戦時における中立のあり方が問われ、ついには長い間の慣行であった外国傭兵が消えていったと見ることができるのである。

私拿捕船の禁止や外国傭兵の規制を促したのは国家間システムの成熟であったが、それだけではない。もうひとつ重要な背景が国民国家の成立である。

（二）　国民国家と「国内の平定」

ここで問うべき疑問は、数百年にわたる国際的な慣行であった外国傭兵が何故、一九世紀の初頭から国際的な問題となり、規制が求められるようになったかである。一九世紀に入るまでは、各国の常備軍には多くの外国人傭兵が勤務していたにもかかわらず、そのことによって直ちに中立のあり方が問われることはなかった。一七世紀に本格的な近代国家が成立して以来、二世紀以上もの間、そうであり続けた。この疑問に答えるポイントは「国民」の形成にある。一八世紀まで外国傭兵はありふれたことと考えられ、外交上の問題を引き起こすことがなかったのに対し、一九世紀に入ると、傭兵の出身母国の国家は中立を侵犯したとされ、関係国（交戦当事国）に対し責任を負うことが求められるようになった。このようになった背景には「国民」の観念の成立に伴って、一国家の境界内の人民と国家とを一体視する見方がひろく受け入れられるようになったことがある。「国民」の観念が成立する以前は、境界内の人民（臣民）と国家とは別のものであり、その人民の行為によって出身母国が責任を負うものとは考えられなかった。フランス革命によって最初の国民国家が成立した一九世紀初頭に私拿捕船や外国傭兵が問題視されるようになったのは決して偶然ではなかったのである。その後、一九世紀の間を通じて、国民国家が漸次発達していくとともに、自国民から構成される国軍が正当な軍隊としてひろく認識されるようになっていった。

「国民」の成立を介して中立のあり方が国際的に問題とされ、そして、国家間システムの次元における動きが国軍以外の軍隊の規制・廃絶を促すことになったが、それだけではない。国家間システムの次元における動きとあいまって、次に示すような国民国家の内部における動きが国軍以外の軍隊の消滅をもたらした。

歴史的に顧みて明らかであるが、およそ国家にはその権力を社会の底辺の隅々にまで浸透させようとする衝動があった。しかし、一六〜一七世紀に成立した近代国家の内部は、前時代の名残を色濃く残し、依然として身分階級的に分断されて、支配階級と一般社会との断絶のゆえ、国家の支配権力は底辺にまで到達しえなかった。そのようななか、ウェーバーの定式にあるような「正当な物理的暴力行使の独占」の実現は難しかった。しかし、国民国家の成立に伴い、個人と国家の関係は劇的に変化した。国民主権の原則が確立されるなか、人民(国民)と国家の距離は著しく縮まり、政治過程への参画の機会が開かれることによって人民の国家権力への影響力が生まれるとともに、逆に国家権力による支配・統制は人民個々人にまで浸透することになった。このような参加と支配の弁証法の働くなか、社会内に拡散されていた物理的暴力への統制が貫徹されていったのである。当時の政策決定者は、国家権力を社会の底辺にまで貫徹させようとして、外交次元(国家間システムの次元)で発生した問題解決を求める圧力を利用して、自国民に対する統制を強化していったのが真相に近い。一九世紀においては、アンソニー・ギデンズのいう「国内の平定」過程が国家によって強力に進められ、その一環として社会内に拡散されていた物理的暴力を国家のもとに集中独占する過程が進行した。(17) しかし、それは平坦な道ではなかった。一八世紀英国では私拿捕船の利益を代表する政治的ロビーが発生したことはすでに見たが、米国においてもフィリバスター規制措置は州政府関係者やフィリバスターを英雄視する一般民衆の反発を招いた。大陪審がフィリバスター容疑者の起訴を拒否したり、公判陪審が評決を下すことを拒否するようなことすらあったのである。(18) このような紆余曲折を経て、国家による物理的暴力の集中独占が進み、国軍が正当な軍隊としての地位を占めたとき、本章の冒頭で見たクラウゼヴィッツの規範的命題、戦争は政治目的に従うべきだとする命題の実現可能性が漸く保証されることになったのである。

第三節　将来の軍隊

将来における軍隊の主流はどのようなものになるのか。現在、正当な軍隊は国軍であるとひろく認識されているが、はたして国軍は今後とも軍隊の主流でありつづけるのか。国軍の役割はいかなるものになるのか。この問題を検討するためには、国軍を生み出した国民国家の将来を考える必要がある。[19]およそ、いかなる軍事組織であろうと、その性格はそれを生み出した母体となる政治的秩序形態によって規定されるものであるから、この考察は欠かせないのである。

(一)　相反するヴィジョン

将来の国際秩序、そして国民国家の運命について、現在、多くの議論がなされている。しかし、国民国家の将来について論者の間でコンセンサスが形成されていないのが現状である。

戦争形態の変化に関連して国家の将来を研究したマーティン・ファン・クレフェルトは、国民国家は衰退し消滅すると論じる。彼によると一九七〇年代半ば以降、国家は急速に衰退した。核兵器の登場によって、主要国間のメジャー・ウォー（major war）の可能性が低下したこと、国家による国民への福祉提供能力が低下したこと、技術の急速な進歩に伴い、地球規模で相互依存が深まったこと、国内治安維持能力の衰退が見られること、私的なものが優勢になり公的なものに対する関心の低下が進行するとともに、人民の国家への忠誠心や信頼感の衰微が進んでいること、これらの趨勢の先に国民国家は消滅し、別の政治的実体が登場すると説く。[20]クレフェルトはテロリスト集団のようなプライベート・アーミーを備えた非国家主体の登場とともに、国家の国内治安維持能力が低下しつつあることを重視している。なぜなら、かつてトマス・ホッブスが説いたことだが、「国家」と呼ばれる政治的秩序形態にとって最重要の機能は、その人民の安全を保障することだからである。もし、国内治安の維持を図ることができず、「人が人に対して狼」である自然状態が復活したならば、もはやそこに国家は存在しない。クレフェルトによれば、かつて一七世紀の三十年戦争の深刻な経験を経て、人々が異なる宗教勢力間の紛争を武力によって解決することが不可能であることを悟ったとき、もはや宗教上の争点で争うことはしなくなったが、それと同じように、一九一四年から一九四五年の「三十年戦争」の経験によって、先進諸国の人々は国民国家間の争いを戦争によって解決することは不可能であることを悟った。[21] 国民国家と呼ばれる政治的実体が自らと同様の性質をもつ他の政治的実体、すなわち他の国民国家と、国軍を動員しあって争ってもなんら紛争の解決を図ることができるものではないと多くの人々が悟った現在、プライベート・アーミーを形成して紛争の解決を図ろうとする別の政治的実体が登場し増殖するであろう。

　このクレフェルトの説くヴィジョンのもとでは、政府、国軍、国民よりなる三重構造体は崩れ、この三重構造体を前提として成立する軍事力、すなわち国軍の軍事的役割は消滅するであろう。[22] そのとき、国民国家の存在を前提とする近代的な意味でのクラウゼヴィッツの命題、すなわち「戦争は他の手段をもってする政治の継続である」との命題は意味を失う。もちろん、クラウゼヴィッツの展開したその他の議論、例えば、摩擦の概念、不確実性に関する議論、また、戦争とは独立した意思をもつ者の間における強力行為の相互作用のなかで展開され、その目的は相手に我が方の意思を強要することにあるとの戦争に関する命題は、将来とも依然として有効な議論・命題として残りつづけるであろう。しかし、新たな政治的秩序形態が登場すると、新たな政治が展開され、紛争の原因も従前とは異なる、別のものになるのである。

　以上のクレフェルトの議論は、一見すると説得力があるように見える。現在の世界で跋扈するテロリスト集団、旧ソ連の一部などで見られる武装集団を見れば、クレフェルトの議論には一定のリアリティがある。さらに、冷戦終結後になって米英両国などの一部の国において、新しいタイプの傭兵会社が増加しているが、そのような会社として、例えば、エクゼクティブ・アウトカムズ社（Executive Outcomes）、ＭＰＲＩ社（Military Professional Resources Inc.）、ＭＲＭ社（Marine Risk Management）、サンドライン社（Sandline International）が挙げられる。[23] このような傭兵会社の増加もクレフェルトの議論に一層の信憑性を与えるように見える。

しかし、クレフェルトとは正反対の議論もある。例えば社会学者アンソニー・ギデンズの議論がそれにあたる。ギデンズは相互依存の増大が国家主権を弱めるとの見方に疑問を投げかける。そもそも国家はその主権を他の国々によって承認されて初めて国家たりうる。いいかえると、国家は主権国家が織りなす国家間システムのなかで初めて主権国家たりうる存在である。国家間システムには諸国家の相互承認を求める強い圧力が内蔵されている。そもそも国民国家はヨーロッパ起源のものであるが、第二次世界大戦が終了するまで、それは地球規模の普遍的な政治的秩序形態ではなかった。一九四五年以降、国民国家が普遍的なものになったのは、まさしく地球規模における超国家的な結びつきが強くなったからである。超国家的な結びつきの強まりは、国家主権を弱めるものという議論がひろくなされているが、ギデンズによればそうではない。国際連合やその他多くの国際機関（政府間組織）がなかったならば、国民国家は現在におけるような地球規模の政治的秩序形態にはなりえなかった。[24] その一方、ギデンズは、国際的結びつきの強まりは、個々の国民国家の管理能力を弱めていることを認めている。しかし、弱まっているのは経済問題など機能的な諸問題に関する管理能力にすぎないのであって、本質的な問題ではない。[25] ギデンズによれば、現在の国民国家は通信技術、運輸技術や統計技術などの発達によって、歴史上稀なくらい高度の監視能力をもった存在になった。国民国家は「国内の平定」過程を経て、権力が高い密度でおさめられるようになった、いわば「権力の容器」である。[26] このように考えるギデンズは、将来、物理的暴力が社会内に拡散する可能性に懐疑的である。現在の物理的暴力手段（武器）は高度の工業的基盤があって初めて準備されうるものであり、それだから「戦争の工業化」が進行したのである。[27] このような「戦争の工業化」の進行しているなか、工業基盤を離れて、物理的暴力手段を国家の独占から奪おうとしても不可能である。現在、国家によって独占されている物理的暴力手段を管理する役割は職業軍人が引き受けているのであり、国軍は依然として国家によって独占される物理的暴力行使の正当な担い手である。

（二） 近代国家と国家間システム

国民国家の将来に関する、以上の相反するヴィジョンのいずれが正しいのか。結論を先に述べると、国民国家は将来においても正当な政治的秩序形態でありつづけると考えられる。

いま、長い歴史的タイムスパンで見たとき、人が人を治める統治のための政治的秩序形態にはさまざまなものがあった。近代になって登場した政治的秩序形態がいうまでもなく、近代国家と呼ばれる政治的秩序形態であったが、実際にはそれ以外にも多様な政治的秩序形態があったことが知られている。中世秩序が崩壊したとき、その後を継いだ政治的秩序形態は、フランスにおいて初めて登場した近代主権国家だけではなかった。ドイツにおいては緩やかな都市連合であるハンザ同盟が登場し、イタリアでは覇権的な地位を占める都市を中心に従属都市群から構成される都市国家（ナポリ、フィレンツェなど）が現れた。ハンザ同盟は主権国家とは異なり、明確な境界が不在であり、しかも中央集権的な統治構造に欠けた政治的秩序形態であった。イタリア都市国家は明確な境界こそあったものの、従属都市の自立性が強く残ったため集権性に欠けた、いわば主権国家とハンザ同盟の中間に位置するというべき政治的秩序形態であった。これらの多様な政治的秩序形態は中世秩序の弛緩とともに一〇世紀頃から形成され、およそ一七世紀頃までこれらの政治的秩序形態間の競争が行われた[(28)]。とくにこれらの政治的秩序形態の相互接触と交渉において、ハンザ同盟は次第に不利な立場に置かれた。ハンザ同盟は条約を締結しても、条約履行に必要な政治権力の及ぶ領域が不明であり、しかも条約履行に対して究極の責任を負う者が不在であったため、主権国家から相手にされなくなり、ウェストファリア条約（一六四八年）の締結交渉の際には当事者能力のある政治的実体とはみなされず、条約から除外されたのである[(29)]。イタリア都市国家もまた、主権国家の優越さを認識すると、自ら主権国家を模倣しようと努力するようになった[(30)]。主権国家から構成されるシステムがいったん形成され始めると、主権国家のみがシステムのメンバーとして相互に承認しあい、このシステムになじまない政治的秩序形態は排除されていった。すなわち、国家間システムには国家相互支援とも呼ぶべき力学が内蔵しているのである。それは個々の具体的な国家の存続を国家間システムが保障するという意味においてではない。個々の国家のなかには他国に併合されたり、複数の国家に分裂したものがあったが、そのような個々の国家の興廃という次元とは異なる次元において、国家間システムは国家相互支援システムなのである。このシステムは、ある特定の地域における統治のための政治的秩序形態が明確な境界で区切られた領域内で統治権力が確立している政治的秩序形態、すなわち主権国家であることを求めるシステムである。そして、そのような政治的秩序形態が不在であった地域において、かかる政治的秩序形態が成立したならば、他の主権国家がそれを承認することによって、初めて主権国家として国家間システムのメンバーになりうる。さらに、主権国家には物理的暴力を集中独占しつつ、その主権を領域内の底辺人民にまで浸透させようとする衝動が備わっているが、先に傭兵や私拿捕船など国軍以外の軍隊が消滅していく経緯を検討して明らかになったように、国家間システムは、そのような主権国家の権力集中に向けた努力（「国内の平定」）を支援したのであり、その努力は一九世紀の国民国家の時代に完成することになった。

二一世紀を迎える現在はどうであろうか。この問題を考えるにあたってひとつのヒントとなるのが分離独立運動(secessionism)である。世界各地で分離独立運動に端を発する武力紛争が頻発しているが、これらの運動の担い手が目指しているのは、結局、新たな国民国家の樹立である。例えば、旧ユーゴが内戦の末に解体し、残された荒廃した地に成立した政治的秩序形態はクロアチアやスロベニアなどの主権国家にほかならなかった。分離独立運動の過程で国軍以外の形態の武装集団が登場したり、テロ行為が行われたりはするが、それでもこれらの武力行使の担い手が目指している目標は新たに自分たちの主権国家を建設することである。

およそ人が存在している限り、そこに人が人を統治するための政治的秩序形態が発生するが、現在までのところ、主権国家以外の有力な政治的秩序形態は登場していない[31]。武力行使を行う非国家主体はなるほど登場している。それが分離独立運動の担い手である場合には、彼らの運動が成功した暁には結局、新たな主権国家の樹立に終わるのであり、さもなければ、海賊のような物質的利益を追求する単なる犯罪者集団か、表面上の理由はどうであれ、既成秩序に不満をもち、それを撹乱することに喜びを見出す類の無頼の輩の集団のいずれかである。今日において世界各地の相互接触が強まっているが、それ故に、かえって現在の国家間システムは地球上の隅々まで、主権国家と呼ばれる政治的秩序形態が存在することを強く要求しているのである。仮に既存の国家が内部崩壊したため、ある特定の地域に政治的秩序の真空が生じたならば、他の諸国家はその真空を埋め、その地域における政治的秩序を回復すべく、改めて主権国家を樹立するなり、救済することを求めるであろう。現にわれわれはそのような事例を目撃しつつある。二一世紀においても、国家相互支援システムは依然として強力に作用していると見るべきものである。

(三) 軍隊の主流でありつづける国軍

近年において見られる軍事力行使を伴うさまざまな動き、例えばPKO、麻薬対策やテロ対策への国軍の動員、さらにはコソヴォ紛争におけるNATO軍の介入などは、まさに冷戦終結後の現在の世界では国家相互支援システムが強力に働いていることを示すものである。

冷戦後になってその数を増したPKOであるが、カンボジアの例に見られるように、いわゆる国造りのためのPKOが目立つようになった。カンボジアでは全土にわたる統治能力を備えた正統性のある政府の再建を図るため、諸国の軍隊が国連PKOの任務に参加した。一九九一年の湾岸戦争における多国籍軍の動きは、一主権国家クウェートの領土回復のためであった。湾岸戦争の事例は、現在の主権国家間システムには不当な侵略行為によって領土を失いかけた一主権国家を救済しようとする力が内在していることを実証したのである。

コソヴォ紛争の事例では、破綻国家において発生した民族浄化の問題に対処して秩序を回復するために、NATO諸国の国軍が動員された。冷戦終結後になって、アフリカ、バルカン、旧ソ連領の一部などで破綻国家の事例が増えているが、これらはネーション・ビルディングの失敗の結果、もたらされたものである。一九四五年以降、国民国家が地球規模で正統性をもつ政治的秩序形態となり、多数の独立国が誕生した。その多くは国民の形成がなされないまま、そして国民形成は将来のネーション・ビルディングの努力に期待して、急いで独立を図ったものであったが、そのなかには歴史的経緯に照らしてネーション・ビルディングの努力に初めから限界があった新興国家もあった。すなわち、これらの国家は当初から分離独立運動（secessionism）や失地回復運動（irredentism）の種を抱えていたのである。その後、分離独立運動や失地回復運動の蠢動があっても、冷戦下の厳しい国際環境の故、これらが大きく表面化することはなかった。冷戦がこれらの運動を凍結させていたといってよい。もしそうであるなら、冷戦が終焉し、冷戦国際環境の厳しい圧力が消滅した途端、分離独立運動などが一気に表面化したとしても不思議ではない。旧ユーゴなどで見られる破綻国家の事例がこれにあたる。

東ティモールで見られた事態も同様のことであり、ネーションに統合しきれない東ティモール住民による分離独立運動はかねてから存在したが、スハルト政権の崩壊後、その運動が本格化した。一時期、分離を支持する住民への暴力行使が問題となり、秩序の回復を図りつつ新たな国家建設を支援するため、豪州を中心とする多国籍軍が派遣された。破綻国家の事例は今後も、発展途上地域を中心に見られるであろうが、それは一九四五年以降、急いで樹立された国民国家のうち、半世紀に近い国家運営の経験を経て、無理な内実を備えたことが判明した国家のいわば苦痛を伴う秩序再編成であるにすぎない。カンボジア、東ティモールなどの破綻国家をめぐる一連の事例は、現在の国家間システムには、国家再建（統治能力を備えた政府をもつ国家の再建）にせよ、新国家建設にせよ、これを支援する力が強く働いていることを示している。

テロや麻薬問題も無視できない重要な問題ではあるが、ちょうど相互依存の強まりを背景に複雑な経済問題が発生しているのと同じく、国際的な結びつきの強まりの故に、これらの問題が頻発するようになったのであり、本質的に国民国家を脅かすものになっているとはいい難い。

以上のような考察を重ねると、少なくとも政治的秩序形態としての国民国家の正統性は依然として強力であり、それだから、見通しうる将来にわたって国民国家の軍事力、すなわち国軍が軍隊の主流を占めつづけることは明らかなことであるように思われる。その一方、一定の留保を付す必要がある。それは新しいタイプの傭兵会社の登場に関する留保であり、これをどう見るかの問題が残っている。

すでに見たように英米両国を始め一部諸国において新しいタイプの傭兵会社が増えていることも事実である。これらは決して非合法な存在ではなく、各国において合法的な会社形態で存在しているが、今後、各国における規制がいっそう強化されていくことが考えられる。すなわち、新しいタイプの傭兵会社が登場しつつあるが、かつての私拿捕船におけるように、規制を通じて国家の政治目的のために利用されるようになると考えられる。いずれにせよ、これらの傭兵会社は国軍と相互補完的な関係にたって軍事的サービスを提供するマージナルな存在にとどまるものと考えられる。さらにこの傭兵会社の問題と関連して、国軍内部における傭兵の一部復活の可能性を検討しなければならない。この可能性を論じたのはエドワード・ルトワックであるが、彼によれば、「犠牲者なき戦争(Post-Heroic Warfare)」を求める声が強まるなか、自国民将兵から戦死傷者が発生することを避けるため、グルカ兵方式なり、一定期間の軍務を終えれば市民権が与えられる外人部隊の方式で外国人傭兵を国軍に組み入れるアイデアが浮上しているという。(32) ルトワック自身もこのアイデアの実現可能性に懐疑的であるが、仮に実現したとしても極めて限定されたものになり、軍隊の主流は自国民将兵より構成される国軍であることは間違いないであろう。

（四）　先進国における国軍の役割

かつてデルブリュックが説いたことだが、各時代においてはその時代固有の戦争が現れる[33]。その時代においていかなる政治的秩序形態が主流であるかによって、政治の内実はもちろんのこと、戦争が戦われることになる争点、軍隊の形態や戦争の戦われ方は大きく異なるが、将来とも国民国家が存続する以上、国軍が軍隊の主流でありつづけ、軍隊の役割にも本質的な変化は見られないであろう。すなわち、国軍は国民国家の政治目的実現に奉仕する道具的存在でありつづける。しかし、いかなる内容の政治目的であるかは、その時どきの時代状況によって規定される。ヨーロッパにおいて国民国家が本格的に形成された一九世紀後半、主要国においては揺籃期にあった若いナショナリズムを背景に、強国になることが主たる政治目的となった。国軍の役割はこの目的に奉仕することにあり、バランス・オブ・パワーの維持、ナショナリズムに基づく国家統一や領土併合、勢力圏の維持・拡大といった政治目的の追求が主要国間の戦争、すなわちメジャー・ウォーを引き起こした。一九四五年以降は、厳しい冷戦対立と核兵器の登場を背景に、抑止力の維持が国軍の主たる役割となった。冷戦終結後の現在、国軍が奉仕すべき政治目的としていかなるものが大宗を占めるようになるのか。大胆にいえば、地球規模で国民国家が正当な政治的秩序形態となっているなか、相次ぐ破綻国家の問題に対処するために国軍が動員されることが多くなるであろう。すなわち、地球規模において国民国家システムを維持することが諸国の国軍の役割として期待されることになる。とくに先進国の国軍にはこの役割を果たすべく動員されることが多くなるはずである。すでに検討したように、ＰＫＯ、湾岸戦争、東ティモールへの多国籍軍派遣のいずれも、国民国家システム防衛のためのものであったと見なすことができる。実際に戦闘行為を伴うか否かは個々の事例によるものとなるが、いずれにせよ、国民国家システム維持のために軍事力が利用されるようになるに伴い、軍事戦略もまたそれに見合った内容のものになるであろう。冷戦時代の抑止中心の軍事戦略から、抑止のみならず、強要などを目的とする新しい軍事戦略が編み出されることになろう。さらにいえば、軍事力行使の対象となるのは破綻国家内の武装集団となることが予想されることから、そのことを考慮に入れた軍事戦略が必要となる。先の行論で新しいタイプの傭兵会社を見たが、これらの提供する軍事的サービスはこのような軍事戦略に一定の役割を果たすことになろう。その一方、主要大国が参戦する戦争、いわゆるメジャー・ウォーの蓋然性は大きく低減するであろう。しかし、将来におけるその可能性までを完全に排除することは誤りである。国民国家システム維持のための軍事力行使は世界的な大勢であるが、もちろん個々の国ごとの国軍の役割はその国の置かれた地政学的状況や歴史によって力点のおきどころが若干異なることになろう。

おわりに――国民国家システムの維持に向けた軍事力

近年、国家論に関する多くの議論がなされるようになり、そのような議論のなかで国家の衰退論が目立つようになった。わが国においても田中明彦氏の著書『新しい中世』が注目を集めたが、そこには今後の世界では非国家主体が大きな地位を占めるというヴィジョンが示されている。(34)このようなヴィジョンに従えば、プライベート・アーミーがそれぞれの私益を求めて相争う戦争の将来像が描かれるであろう。このような世界では政府、軍隊、国民の三重構造体はもはやなく、軍事力の役割は私益の追求の手段にすぎなくなる。そのような世界は過去にもあった。それが中世である。

ウェーバーの有名な定式化に従うと、国家とは「一定の領域の内部で、正当な物理的暴力行使の独占を要求する人間共同体」である。かつての中世世界では、社会内にひろく物理的暴力が拡散していた。そこでは領主、都市、教会などの多様な主体がそれぞれの私益追求のために軍事力を利用した。近世から近代に入るとともに、確定された境界に区切られた領域に基礎をおく政治的秩序形態である国家が登場し、その域内の物理的暴力の集中独占を図ろうとした。しかし、最初の近代国家である絶対王政国家はそれをなしえなかった。当時の技術水準では高度の監視能力をもちえなかった故、絶対王政国家はその権力を社会の底辺の隅々にまで到達させることができなかったのである。そのため、域内の多様な軍隊を禁圧してその弱体化を図る代わりに、あえてこれらの特権を認可して主権者（君主）の権威を認めさせ、そして主権者の利益のために利用した。(35)

このような状態に終止符が打たれ、物理的暴力の集中独占が完成したのは国民国家の成立以降のことであり、同一国民よりなる常備軍、すなわち国軍が成立し、これが軍隊の正当なあり方としてひろく認識されるようになった。そのとき、近代的な意味における軍隊――国家の政治目的実現の手段としての国軍――が確立した。それ以降、現在までたかだか二百年も経っていない。国民国家の成立、そして、われわれが現在、慣れ親しんでいる軍事力の担い手――国軍――は歴史的に見れば新しい出来事なのである。

すでに見たように、物理的暴力の国家への集中独占を可能にし、また促したものは、国家間システムそのものに内在する国家の強化を求める圧力であったが、この国家間システムの力は現在も強力に作用している。地球規模に広がった現在の国家間システムには、唯一正当な政治的秩序形態としての国民国家を維持し、強化しようとする圧力が内在しているのである。ＰＫＯ、湾岸戦争、東ティモールでそのことが示された。このようななか、見通しうる将来において、何らかの政治的秩序形態が国民国家に代わって優越な存在になることは考えられないし、国軍以外の形態の軍隊が主流になることも考えられないのである。それどころか、ポスト冷戦の現在、破綻国家の問題が重要になっていることを背景に、国民国家システムの維持に向けた軍事活動の担い手としての国軍への期待は高まるであろう。

（長尾　雄一郎）

第三章　政軍関係とシビリアン・コントロール

はじめに

戦争は他の手段による政治の継続であるとのクラウゼヴィッツの命題は、政治の担い手が軍事力行使の担い手をよく掌握していて可能になる命題である。政治の担い手（政府）と軍事力行使の担い手（軍）との関係を指して政軍関係と呼ぶことができるが、その内容は時代とともに変わる。近代国家成立直後の絶対王政期には、主権者たる君主は自ら直接掌握しうる常備軍の整備を図りつつ、勅許の付与を通じて私拿捕船などの常備軍以外の民間武装集団をコントロールしようと努めた。われわれが現在、慣れ親しんでいる政軍関係は国民国家成立以降のそれである。国民国家においては、その領域内の物理的暴力手段は国家によって正当に独占され、その国家が独占した物理的暴力手段は具体的には警察および軍隊によって行使される。とはいえ、国家が物理的暴力行使を正当に独占するようになったからといって、戦争が政治目的に従属する、いいかえると外交—軍事戦略的合理性に従うようになったわけではない。クラウゼヴィッツの政府、軍隊、国民の三重構造体論に従えば、理性（戦争を導く政治指導）は政府（政治家）に、自由な精神活動（戦争術）は軍隊（将帥）に、そして盲目的な自然の衝動と見なされるべき原始的暴力行為と憎悪は国民に帰属される。[1] ナポレオン戦争を経験したクラウゼヴィッツは、国民国家の登場に伴い、国民の間からの憎悪と激情の噴出によって将来の戦争が政治の論理から大きく逸脱する可能性が高まったことを予見した。政府が軍をよく掌握したとしても、一度、戦争が始まると、国民の激情によって政治指導者の誰もが意図しなかったほどに戦争がエスカレートし、外交—軍事戦略的合理性が失われることはありうるのである。そして、実際にわれわれはその典型的な例を第一次世界大戦に見ることができる。[2] 国民国家の時代における政軍関係を考察するには、政府、軍隊、国民の三重構造体が成り立つ国民国家の枠内で、国民の存在に目配りしつつ、政府と軍の関係を検討する必要がある。つまり、政府と軍の二者関係を見るだけでは不十分であり、国民という第三の要素を媒介させて考えるべきなのである。

その一方、現実においては、以上述べた問題とは別の次元の問題、軍が一個の自律性を得て強い政治的影響力を発揮する政治的アクターとなり、時の政府（政治指導者）と緊張関係にたつという内政次元での問題に直面することも稀ではなかった。実際、これまで、政府と軍の関係を考察するときには、この種の問題への対処が大きなウェイトを占めてきたのである。そのことを背景に、政府と軍の関係を規律する規範的概念、とくに今日の先進諸国において成立している政軍関係を規律する規範的概念は必ずしも国家の外交—軍事戦略次元での合理性を追求する観点から定められたものにはなっていない。いいかえると、戦争を政治目的に従わせ、戦争を通じて政治的な勝利をおさめるためであるとか、戦略的合理性にたった戦争遂行のしやすさといった観点で定められたものにはなっていないのである。今日、政軍関係を規律する規範的概念とされているものは、外交—軍事戦略的次元とは異なる別の次元での観点から形成されたものであり、それがシビリアン・コントロールである。このシビリアン・コントロールは主としてリベラル・デモクラシーの理念にたって形成されたものであり、現在の世界では、このシビリアン・コントロールが一国の政軍関係を規律する原則として広く受容されるに至っている。

このように見てみると、政軍関係には、外交—軍事戦略的合理性に照らして定めた政治目的に従い、政府が軍をよく掌握しつつ、政治目的から踏みはずれることのない戦争指導を行うという課題と、リベラル・デモクラシーの理念に従って軍を政府の統制のもとにおくという課題との二重の課題があることになる。この二重の課題を念頭におき、本章では、政軍関係を規律する規範的概念であるシビリアン・コントロールが成立した経緯とその背後にある中心的理念を明らかにし、今後の政軍関係上の課題を検討することにする。

まず、次節において、近代的な意味での政軍関係上の問題、すなわち軍が一個の自律性を得た政治的アクターとなる問題を政軍関係のダイナミックスを見ることによって検討を始めることとしたい。

第一節　軍による政治権力の掌握

「政軍関係」という用語は、英語の civil-military relations の訳語として定着しているが、かつてサミュエル・ハンチントンが警告したように、この「政軍関係」の意味を政治家（政府）と軍人（軍）の対立関係という視角で捉えると大きな誤解に導かれる。「政軍関係」の語には軍が凝集力を備えた一個の集団としてまとまり、他方、政治家およびそれが代表する一般市民社会のほうも一個のまとまりある集団を形成し、両者がそれぞれの利益やイデオロギーをもって対立しあうとするイメージを人の心の中に引き起こしやすいところがあるが、現実にそのようなことはない(3)。軍といっても一枚岩の集団ではない。その内部にはさまざまな派閥グループが形成され、国防戦略の方針、国防資源の配分、軍の最高位ポストなどをめぐって相互に競争しあっている。他方、一般市民社会のほうも多様な利害が分化し、さまざまな集団、つまり政党、利益集団などが競争しあっているのが現実である。実際には総体としての軍と一般市民社会とが対立しあうことはなく、軍内部の諸勢力と一般市民社会内の多様な政治勢力とが複雑な連合と離反をおりなしており、そこから政軍関係のダイナミックスが展開されるのである。

（一） 役割構造の撹乱

過去において軍（将校団）が政治権力を掌握したり、そこまでに至らなくても国内政治過程において強い政治的影響力を行使したことは見られた。そのようなことを排除し、一国の政治社会内における政軍関係を規律すべく、シビリアン・コントロールという規範的概念が形成された。シビリアン・コントロールの検討に入る前に、ここでは、何故、軍が政治権力を掌握したり、強い政治的影響力を行使するようになるのか、その政治的ダイナミックスを見ておきたい。

軍は国防という任務を遂行すべく厳しい規律に基づいて組織化された機能集団である。軍がその任務を遂行するため、法制度的に定められた枠組のなかでその要求を表明することは正当なことである。対外関係の緊張という事態を受けて、国防のために必要な予算を求めて議会でその必要性を表明したり、財政当局に予算要求を行うのがこれにあたる。そのような場合、軍はその役割を正常に果たしている。先進諸国において、役割を正常に果たしている軍は次の三つの職務を遂行する。①国防の責任を果たすのに必要な資源配分を要求する。②政治指導者が対外政策を決定する際、その政策の軍事的インプリケーションを明らかにして所要の勧告を伝え、政治指導者の政策決定に資する。③政治指導者の決定した軍事行動を実行する。これらの職務を遂行する過程において、軍が政治指導者や政府部内の他部局と意見の相違をきたすことはありうる。予算をめぐって財政当局と、対外情勢に関する認識や対外政策をめぐって外交当局と大きく意見を異にすることはよくある。けれども軍が法制度的枠組のなかでその職務を遂行し、最終的に政治指導者の責任ある決定に服している限り、このような意見の相違があってもまったく正常なことである。

問題となるのは、軍が法制度的枠組を踏み越えてその要求を表明するようになるときである。そのとき、軍は利益集団としての性格が濃厚になり、いわゆる利益の表出機能を遂行するようになる。そのようなことが頻繁に見られる国では利益の表出機能を正当に遂行する労働組合、業界団体、市民公共団体などといった利益集団のほかに、本来、別の機能を果たすべき集団が政治過程においてその利害を表明していることになり、政治体の境界線維持、ないし諸集団間の役割構造の撹乱が生じていることになる。(4) この撹乱の度合いが高ければ、軍や官僚集団などが法制度的に定められた本来の役割を超えて、他の集団（政党、団体的利益集団）と同じ平面上にたって政治的影響力を競いあうようになる。政治体の境界線維持の撹乱がいっそう亢進し、役割構造が崩れたとき、軍は政治的影響力を行使するにとどまらず、ついには政治権力を掌握し、自ら国家統治の任にあたることがある。ところで、何故、境界線維持に撹乱が生じ役割構造の逸脱が生じるのか。

（二）　衛兵主義の政治

「衛兵主義の政治（praetorian politics）」とは、もともとローマ帝政時代において、皇帝の近衛兵（Praetorian Guard）が皇帝の後継者決定、さらには皇帝の改廃を左右するほどの政治的影響力を有するようになった故事にちなんで命名された用語であるが、この衛兵主義の政治の要点はローマの故事におけるように軍が政治権力を左右することにあるのではない。何らかの事情によって、社会内から生の諸要求が噴出し、既存の政治的秩序のもとでは法制度的に定められた秩序だったやり方でこれらの諸要求を吸収、処理しきれなくなったときに衛兵主義の政治が現出する。(5) かつて発展途上地域の独立したばかりの諸国において、この種の政治の現出がよく見られた。そこでは、近代国家として必要な法制度的枠組が形式上整備されているにせよ、それは所詮、欧米から輸入されたものにすぎず、土着の政治社会風土のなかで十分に定着していなかった。近代的な意味での政党、労働組合や市民公共団体などの利益集団も未整備であり、さらに部族集団や宗教集団などの伝統的集団が依然として有力な存在であった。そのようなところへ、独立達成に伴って大衆の政治参加を認めても、多様な利益を秩序だったやり方で表明し、また効果的に集約して法制度的枠組のなかで処理することは困難である。かつてデヴィッド・イーストンが定式化した政治システム論の枠組に読みかえていえば、政治システムの許容量を上回る過大な要求の入力がなされた場合にあたり、その結果、もとから未成熟であった政治システムそのものが破壊されてしまう。(6) かくして、その政治社会の秩序は混乱し、何らかの集団が法制度的枠組を無視した実力行動に訴えて、政治権力を掌握し秩序の回復を図ろうとする。その場合、軍がクーデターを起こし、秩序回復を図ろうとすることがよく見られた。

衛兵主義の政治は発展途上国だけに見られたのではない。比較的発達した国においても、世界経済情勢の急激な悪化が見られたとき、あるいは大衆の政治参加が急速に進んだ時代において、従来の法制度的枠組では処理しきれない新たな諸要求が未加工、無規制の要求として溢れ、ついには政治体の境界線が崩れてしまい、公式の役割構造を逸脱したかたちで軍が強い政治的影響力を発揮するようになったことがある。その典型的な例が一九三〇年代における日本の軍部の台頭である。当時の日本は大正デモクラシーの経験を経て、政党を中心とする「憲政の常道」が定着しかかっていたが、この政党政治は小規模な名望家政党による政党政治で依然として未熟なものであった。この幼い政党政治は、世界恐慌の衝撃とあいまって、急速に進行しつつあった大衆社会化に追いつくことができず、大衆の間から噴きあがる諸要求を吸収しきれずに、逆にこれに飲み込まれて凋落していったのである。その空白を埋めるかたちで軍部が国防という本来の役割から逸脱して、有力な政治的アクターとして台頭した。(7) 同様な事態はワイマール共和国末期のドイツでも見られた。政治の混乱のなかで、クルト・フォン・シュライヘル将軍（Kurt von Schleicher）のような政治的軍人が登場し、社会の他の政治勢力と敵対したり、連合を形成しようとしたり、活発な政治活動を行ったものである。ただし、ドイツの場合は、ナチが最終的に勝利をおさめて政権を掌握し、秩序が確立されると軍はもとの専門職務に戻ったのである。(8)

繰り返しになるが、衛兵主義の政治の要点は、過大な政治的要求が噴出するなか、秩序の回復をもたらすべく、ある特定の集団がその本来の枠割構造から逸脱して政治権力ないし強い政治的影響力を握るということにあるのであって、その「特定の集団」が常に軍であるというわけではない。衛兵主義の政治による混乱のなかで軍が有力な政治的アクターとなる背景には、イデオロギー、利害、社会内の諸政治勢力の配置など多様な要因が介在する。軍が有力なアクターになるといっても、軍は必ずしも一枚岩の存在ではない。軍内部にも、イデオロギー傾向、対外脅威認識、自らの利害に関する認識、人間関係などに応じてさまざまな派閥グループが存在する。そして、これら軍内集団のいずれかが、イデオロギーの親近度や利害の共有などに基づいて、他の非軍人諸勢力（政党、利益集団、官庁、有力な政治家や高級官僚）と効果的な政治連合を形成し、ライバル集団（他の軍内集団を含む）やそれらの連合を圧倒することができたとき、それは有力な政治的アクターとなりうるのである。先に見たワイマール末期の政治的軍人は有力な政治連合を結成するのに失敗し、ナチに敗北を喫した。三〇年代日本の軍部の例では、有力な軍内派閥であった統制派が二・二六事件後の「粛軍」を契機に他の軍内派閥（皇道派）を一掃する一方、社会内の諸勢力（革新官僚、有力な政治家）や、政党政治の党派性、腐敗、非能率に強く反発していた大衆の一般的支持を取りつけることができたとき、日本政治で支配的な政治勢力となりえたのである。

（二）　規範的概念としてのシビリアン・コントロール

これまで政軍関係のダイナミックスを見てきたが、そこで明らかになったことは、軍が国防任務という本来の役割を超えて政治に介入するようになる主な理由として、将校団の側の内在的性格、つまり軍人の社会的出自に根ざす階級的性格や専門職業的利害関心ではなく、安定した政治的秩序の欠如が大きく挙げられることである。いいかえると、軍による政治介入の第一の原因は、一般的な政治的秩序の弱さにあるのであって、軍の側にあるわけではない。(9) 軍が政治介入するに至る典型的な事態は、衛兵主義の政治の現出が見られるようなときである。既存の政治的秩序のもとでは溢れるばかりの多様な利害要求を公式の法制度的枠組に従って処理しきれなくなったとき、軍による政治介入の事例が見られた。

シビリアン・コントロールは、政軍関係を規律する規範的概念として今日広く定着しており、その具体的な内容は法制度的に表現される。シビリアン・コントロールの問題が語られるとき、主に法制度的に問題が論じられることが多く、そのこと自体は実際的な観点から正しいことであるが、しかし、法制度的な措置を講じさえすれば軍の政治介入を防ぐことができるものと過大な期待をもつことは誤りである。長いタイムスパンで見れば、法制度的措置といっても、それはつまるところその時々の政治的な力関係を暫定的に整序したものにすぎないのであり、シビリアン・コントロールに関する法制度的措置もその例外ではない。この法制度的措置は、主に欧米先進諸国における長期にわたる政治的実践のなかで形成されたものであり、冷戦終結後の現在、およそ民主化を目ざす国であれば受容すべきものとして広く正統性を獲得するに至っている。

第二節　先進諸国におけるシビリアン・コントロール

近代的な意味での政軍関係上の問題に最初に直面したのは、いうまでもなく歴史上初めて近代国家の成立を見たヨーロッパにおいてであった。

マックス・ウェーバーの有名な定式化に従えば、国家とは物理的暴力の正当な独占的行使を要求する人間共同体である。長い歴史を顧みると、近代に入る前、暴力は社会内の自律性を備えた多様な中間団体（領主、教会、都市）によって行使された。とくに一七世紀の宗教戦争の時代においては、これら中間団体が暴力を行使しあい、凄惨な内戦が展開された。そのこととの反省もあずかって、近代に入るとともに、社会内に広く拡散されていた暴力は国家に集中独占された。そして、国家内の団体や個人はもはや暴力行使を行うことは許されなくなった。仮にそのような団体・個人が暴力行使を図ったら、それはあくまで私的な暴力行使にすぎず、単なる犯罪行為として処罰の対象となった。こうして国家のみが正当な暴力行使主体とされ、その国内社会には秩序と安寧がもたらされたのである。ところで、国家によって集中独占された暴力は、具体的には軍と警察によって行使される。とりわけ、軍は警察とは比較にならないほどの破壊力をもつ特別な存在である。いいかえると、一国内のいかなる者であろうと暴力行使が禁止されているなか、軍は破壊的な暴力行使の手段を保持するという特権を国家から認められた例外的な存在である。それだから、国家主権者は軍に暴力手段の保持を認めると同時に、その軍を厳しく監視し、これを統制しなければならなかった。このような政府と軍の関係は数世紀の長い歴史を経て形成されたのである。この歴史的経緯を見るには、英国およびその他の先進国それぞれの経緯を見る必要がある。

（一）　英国

英国では、国王と貴族・ジェントリーの長い歴史的抗争のなかで、リベラリズム（自由主義）に基づく嫌軍感情が培われた。リベラリズムの原理に立つ政治制度の代表例が立憲主義、議会制、政党制であり、いずれも主に英国で発達し、この意味においてリベラリズムの故郷は英国であるといっても過言ではない。

このリベラリズムの歴史的形成において大きな役割を果たしたのが、中世以来の貴族であった。国王大権（prerogatives）に対する、彼らの伝統的な特権（privileges）を擁護する戦いのなかからリベラリズムの原理が形成されていった。国王は貴族などのもっていた特権を剥奪し、中央集権を進めようとしたが、この動きに対して貴族たちは代々受け継がれてきた自らの特権を守るために国王大権に制限を加えようとした。その古い記念碑的成果として、一二一五年のマグナカルタを挙げることができる。貴族たちは国王大権と対決した際、等族会議をその拠点としたが、それが後年になって議会にまで発展していくことになる。そして、国王との対立は当然に、国王の軍隊との戦いを伴うものであったので、この経験のなかから、嫌軍感情とともに議会の軍に対する統制の制度が形成されていくことになった。とくに一七世紀の絶対王政期になると、中央集権を強化しようとする国王と議会との対立は厳しいものになったが、一六八八年の名誉革命の決済によって「議会主権（Parliamentary Supremacy）」が確立され、国王権力は議会のなかにいわば封印され、それとともに国王の常備軍も議会ひいては内閣の統制のもとに置かれるようになったのである。

その後、近代リベラリズムの成立に決定的な貢献を果たしたのが、近代に入って登場したブルジョワジーであった。当初、ブルジョワジーは絶対王政権力の庇護を受けつつ、次第に成長していったが、やがて彼らは自由な経済活動を追及して権力の介入を嫌うようになり、これとの対立を強めるようになった。その場合、彼らは貴族たちが残してくれた立憲主義、議会制などの遺産を活用し、おのれの権利を擁護した。このブルジョワジーに担われて、本格的な近代リベラリズムに基づく議会主義、そしてこれを中心とするウェストミンスター・システムが確立されていくのである。英国では、現在でも国軍は王冠（the Crown）に忠誠を誓うが、それは一種の形式であり、軍は内閣の権威のもとに服している。

（二）　大陸諸国

リベラリズムの伝統の弱かった大陸諸国では、英国と事情を異にしていたが、それでも絶対主義国家の時代に政軍関係上の問題がなかったわけではない。絶対王政期において、初めて国家の常備軍が成立したとき、この常備軍と主権者（国王）の間に軋轢が見られた。けれども、ここで留意すべきは、この絶対王政期において軍上層部（将校）は専門職業化されていなかったことである。将校と政治家との職務は十分分化されておらず、王族出身者であれ、貴族出身者であれ、同一人物が両方を兼ねているのが常態であった。なるほど常備軍は整備されたが、その場合、下層兵士のほうが専門職業化していたのであり（傭兵）、軍上層部はそうではなかった。従って、国王ないし国王政府と軍との間に問題があっても、それは同一階級内の争いごとにすぎなかったのである。仮に過激な将校団の行動があったとしても、正当な王朝や国王政府を転覆させるほどのものではなかった。たかだか王室の特定の人物に挑戦するという程度のものにすぎなかったのである。

近代的な意味での政府と軍の関係に関する問題はフランス革命に端を発する。軍による政府転覆の問題がそれである。[10] フランス革命時においてナポレオン・ボナパルトは政権奪取を敢行し、軍による政府転覆の前例を作った。一七九九年、フランスは外交軍事上の危機に直面し、国内でも当時の総裁政府は左右からの攻撃で危機的な状況にあった。富裕なブルジョワジーの意向をうけたシェイエスらは、ナポレオンの軍事力を利用するクーデターを計画し、一一月九日に政府転覆が敢行され、三人の執政からなる新政府が成立した。ナポレオンはすぐに全権を握り、新憲法を制定して立法権と行政権をもつ第一執政となり、実質的な独裁を開始したのである。これが「ブリュメール一八日」のクーデターであるが、そのような現象はボナパルティズムと呼ばれるようになり、それ以来、ほとんどの政府はこうした可能性に対して警戒するようになった。

いうまでもなく、フランス革命によって国民国家が誕生したが、そのような国民国家において初めて政府と軍の鋭い緊張関係が発生したのである。前章で見たように、国民国家の時代において国家による物理的暴力の正当な独占が完成したが、それにもかかわらず、この国民国家において政府と軍の緊張対立が生じるようになった。これは一見するとパラドックスであるが、この謎を解くポイントは、国家と政府は別のものであるということである。一九世紀以降、急速な軍事技術の発達に伴って軍上層の将校団は次第に専門職業化していき、他の社会集団とは異質なひとつの閉鎖集団を形成するようになった。逆に下層兵士のほうは徴兵制の施行により、社会に開かれた存在となった。他方、フランス革命以来、国民主権の原則にたつデモクラシーとこれに基づく共和政が増大しつつある趨勢のなかで、専門的将校団が以前の絶対主義時代の国王に対する個人的忠誠のような類の忠誠を政府に誓約することは行われなくなった。これに代わって、国家を体現するなんらかの理念、例えば「共和国」「憲法」「国民」などの抽象的な理念に忠誠が向けられるようになった。けれども、このような忠誠のあり方がひとつの問題をもたらすことになった。それは時の政府（the Government of the day）がこれらの理念を代表していないという理由で、自分たちにはクーデターを起こすことができるという論理を職業将校団に与えることになったからである。これらの事情を背景にして、軍が政府の統制から逸脱する可能性に注意が払われるようになった。そして、軍が職業政治家から構成される政府（とくに内閣や大統領府）の権威に服し、あくまで「政府の腕」にとどまるようにさせるべく、政治的、法制度的措置が講じられてきたのである。このような、政軍関係を規律しようとする実践の積み重ねのなかで、後年、シビリアン・コントロールと呼ばれることになる規範が成立していったのである。以来、先進諸国の今日までの状況を見ると、軍が国内政治過程の有力なアクターとなることは戦前の日本でこそ見られたものの、将校団が現存の政府を転覆し、自ら政治権力を掌握することは稀なことであったし、まして従来の政治体制の変革まで行うことはもっと稀なことであった（その例外は、一九三〇年代後半におけるスペイン内戦を引き起こしたフランコ将軍である）。そうなった背景には、先進諸国の軍は自らのことを政治を行う資格も能力もないとよく認識している事実がある。英語で、軍務を service（サービス）と呼ぶことから伺われるように、軍人たちは「奉仕」の考えに慣れ親しんでいる。とくに現代においては、軍務が高度な先端技術体系に依存する専門職業化していることを背景にして、軍は防衛任務に多忙となっている。従って、これまで先進諸国で実際に見られたのは、たかだか将校団が法制度的チャネルを多少逸脱して、専門職業的利害を表明する程度のことにすぎなかったのである。

第三節　シビリアン・コントロールの中心的理念

（一）　リベラル・デモクラシー

以上見てきたような英国を始めとする先進諸国における国家と軍の関係をめぐる経験のなかから、政軍関係を規律する規範的概念としてのシビリアン・コントロールが錬成されてきたわけであるが、その背後にある中心的な理念がリベラル・デモクラシーである。リベラリズムはすでに見てきたように、主に英国において発達したが、他方、デモクラシーは、リベラリズムよりはるかに新しい理念であり、フランス革命後の一九世紀に入って次第に普遍的な正統性を獲得するに至った政治原則である。

デモクラシーはいうまでもなく、多数の人びとの政治参加を求める政治原則であり、国民国家と分かちがたく結合しているものであるが、これは一九世紀の半ばから、リベラリズムの理念と結合し、リベラル・デモクラシーが形成されていった。より多くの人びとの政治参加を求めるデモクラシーが全国的規模で実現されるためには、リベラリズムに基づく制度である議会制と結びついて、代議制デモクラシーが成立しなければならなかった。この代議制のもとで、一九世紀後半以降の参政権の拡張運動を通じて国民的規模での政治参加が実現されていった。こうしてデモクラシーは法制度的にも、機構的にもリベラリズムと結びついていったのである。また、このようなデモクラシーの進展に伴って、リベラリズムの起源である貴族特権を擁護しようとする考え方がいっそう広範な権利を対象として拡張されるようになり、今日の人権尊重の理念にまで発展することになったのである。(11)

リベラル・デモクラシーのもとにおいて、正統性のある政治体制の備えるべきもっとも基本的な要素は、適正な手続きでの国民による選挙（無記名、秘密投票）の実施、選挙によって選出された代議員より構成される議会と行政府の存在である。後者の行政府最高責任者の選出方法については、国民の直接選挙によって選出されるか（大統領）、議会によって間接的に選出されるか（議院内閣制下の首相）の相違があるが、このような違いはリベラル・デモクラシーの本質にふれることではなく、それぞれの国の歴史や国情によって定められるものである。

（二）政治統制とシビリアン・コントロール

戦争は他の手段による政治の継続であるから、戦争遂行を政治の論理に服させるべきであるとする考慮に基づく、政治家による軍への統制を政治統制（political control）と呼ぶことができる。その一方、すでに見てきたように、シビリアン・コントロールのエッセンスは、リベラル・デモクラシーの理念に基づき国民の普通選挙によって形成された正当な政府が軍を統制することにある。この観点から見ると、政治統制とシビリアン・コントロールとは異なることが明らかであろう。例えば、アドルフ・ヒトラーによるドイツ国防軍の掌握は有名であるが、これは通常、シビリアン・コントロールと呼ばれることはない。一九三六年三月七日、ドイツ軍はラインラント進駐を敢行した。ヴェルサイユ条約によって独仏国境地帯にあるドイツ領ラインラント地方の非武装化が規定されていたが、この非武装地帯の存在によってドイツは西部国境防衛のために多大の兵力配置を強要され、さらにこの西部国境においてドイツの立場が脆弱になることにより、フランスの中欧諸国（チェコスロバキアなどの小協商諸国）との同盟の有効性が維持されていた。この意味において、ラインラント再占領は欧州における戦略地図の再編をもたらしうるほどの意義を有していたが、ヒトラーはこれを敢行したいと欲した。しかし、当時の独仏間の軍事バランスに照らすと、無謀な試みのように思われ、ドイツ国防軍首脳部はヒトラーの企てに強く反対した。結局、ヒトラーの無謀と思われた賭けは実行されたが、フランス側の優柔不断さに助けられ、この試みは成功したのである。これは当時においてヒトラーの天才的な政治指導の賜物とされ、この事件を期に、国防軍内におけるヒトラーの威信は一気に高まった。その一方、ヒトラーの国防軍将校団に対する尊敬の念は消えうせてしまい、ヒトラーによる軍掌握が進むとともに、国防軍は警察や消防団のように必要な場合にだけ呼び出される地位に転落していった。(12) ヒトラーは第一次世界大戦において伍長として従軍したことはあるが、専門職業的軍人ではなかった。彼は職業政治家としてドイツ宰相の地位に上りつめ、軍を掌握したのである。なるほどヒトラーが軍に対する政治統制を行ったことは確かであるが、この統制を指してシビリアン・コントロールとは決して呼ばれない。それはリベラル・デモクラシーの理念から大きく逸脱したナチ政治体制の性格に照らして、ヒトラーの軍統制をシビリアン・コントロールと呼ぶことはできないからである。同様にソ連時代のソ連共産党による軍統制もシビリアン・コントロールと呼ぶことは困難である。ソ連共産党最高首脳部が専門職業的軍人でなかったとしても、ソ連の政治体制に照らしてそういえるのである。このことから、単に職業的軍人ではない「背広を着た」人間が軍を統制することだけでもってシビリアン・コントロールと呼ぶことはできないことは明らかである。シビリアン・コントロールの前提はリベラル・デモクラシーの理念であり、その主体は選挙によって選出された国民を代表する正統性を備えた政府である。この本質的な点が押さえられている限り、シビリアン・コントロールのための政治的、法制度的措置の具体的なあり方は、国によってさまざまなものであっても一向に差し支えないのである。民主的に構成された政府による軍の統制のあり方にはさまざまなものがあると指摘したが、いま、ここで典型的な二つのタイプ、すなわち英米それぞれのシビリアン・コントロールを見てみたい。

(二)　英米両国のシビリアン・コントロール

別名、ウェストミンスター・システムとも呼ばれる議院内閣制をとる英国と三権分立制をとる米国それぞれの統治構造およびそれに伴うシビリアン・コントロールの具体的な姿は対照的といってもよいほど異なる。

二大政党下の議院内閣制という制度的与件を背景に、英国における内閣およびそれを率いる首相の政治権力には強大なものがある。あえて英国首相と米国大統領の有する政治権力を比較すれば、英国首相のほうが強大であるといっても誇張にはならない。

議院内閣制のもとにおいては、下院総選挙で勝利すれば、同時に下院における首班指名選挙の勝利が約束され、党首を中心に内閣が構成されることになる。首相は閣内相のほかに、閣外相、各省政務次官、次官補、閣僚付きの議会秘書や私用秘書など、一〇〇近い政府のポストに下院議員を任命する権限をもつ。このことは政権党下院議院の三分の一近くの者が政府ポストに任命されることを意味し、従って首相となる党首およびその側近よりなる党中央の党内権力は強大なものになる。[13] しかも、首相は解散権をもち、いつでも自己の都合のよいときに下院を解散することができるため、議員や党員はいわば「常在戦場」におかれ、常に臨戦態勢を整えておかねばならず、その必要性が党首(首相)を頂点とする党の集権的組織化を促すことになった。このような強い党内権力基盤を背景に、首相および内閣にとって議会における法案通過は容易なものになる。何故なら、下院においてはすでに法案通過に必要な過半数の議席は押さえているからであり、しかも党首を中心とする集権性の強い党構造を背景に議員の造反もあまり見られないからである。このような強い政治権力を基盤にして、首相および内閣の政治的権威は高いものになり、官僚機構および軍は内閣の権威に服するのである。ここで、議会と内閣の関係であるが、ウェストミンスター・システムのもとでは、この両者は一体化しているといってよいほど密接不可分の関係にある。かつて英国史を著したトレヴェリアンが述べたごとく、「イギリス人はフランスの哲学者モンテスキューが『法の精神』のなかで、イギリスの自由の秘密は行政府と立法府の分離にあると世界に向かって述べるのを放置していたが、その逆のほうがはるかに真実に近かったのである。」[14] すなわち、歴史的に見れば、内閣は議会内におけるある種の特別委員会として誕生したのであり、この歴史的出自から内閣は議会内の存在であるといってよい。このような統治構造を背景に、英国における軍統制の主体は、広くは国民を代表する代議員より構成される議会であり、さらに実際的な観点から狭く絞れば内閣であるといえるのである。

一方、米国において事情は異なる。周知のように米国では、建国の父祖の考えに基づき、チェック・アンド・バランスの原則に基づく典型的な三権分立制がとられ、大統領の行動の自由は英国首相に比べれば大きくはない。軍事に関しても、憲法制定議会が懸念したのは特定の者が独占的に軍を掌握し、これを悪用する可能性に対してであった。とくに最高司令官（Commander-in-Chief）としての大統領が軍の掌握を背景にその権力を強大化することが恐れられ、建国の父祖は議会によるチェックを期待し、この観点から米国独特の三権分立に基づくシビリアン・コントロールの制度が構築されていったのである。これまでの歴史を見ると、米国の軍（連邦軍）はおおむね法制度的枠組のなかによくおさまって行動してきた。しかし、その一方、まさにその特徴的な法制度的枠組、すなわち三権分立のために、政府は首尾一貫した戦争指導を行いにくくなり、また軍に政治的マヌーヴァーの余地が残されているのも事実である。英国の議院内閣制のもとでは行政府（内閣）と立法部とは融合しており、そのことが内閣の軍に対する統制と政治的指導力を高める結果をもたらしているが、立法部と行政部が分立している米国では、軍に対するコントロールをめぐってこの両者は競いあっている。従って、戦争における政府の軍に対する政治指導は一貫性のあるものにはなりにくい。さらに立法部と行政部にはさまれたかたちになる軍将校団は政治的にならざるをえないし、また、そのことが軍にある程度の行動の自由を与える結果になっている。もちろん軍は統一体ではない。陸・海・空三軍の対立は厳しい。とくに資源配分（予算）の問題をめぐってそういえる。ハンチントンが指摘したことであるが、三軍それぞれが立法部内の特定議員グループの支持を求めて行動し、さまざまな非公式な連合が形成されることも珍しくない。そして、場合によっては、この連合が行政府内の職業政治家を出し抜くことも見られた。[15] とはいえ、米国ではそのような軍の行動によって大きな問題がもたらされることはなかった。[16] それは、米国の一般的な政治情勢がこれまでのところ大きく混乱したことがなく、軍もその公式の役割から大きく逸脱しなかったからである。つまるところ、軍の行動は専門職業的利害を表明するものにとどまったのである。

このように英米各国におけるシビリアン・コントロールの具体的な法制度的機構は異なり、そのため、英米それぞれの政府による軍統制の実効性、そして、戦争指導の姿もまた大きく異なる。とくに周辺における戦争（peripheral war）では死活的な国益がかけられていないため、国民のコンセンサスが得られにくいことが多く、軍統制の法制度的機構のいかんによっては、戦争指導の性格や戦争の帰結に大きな違いがもたらされることがあった。アメリカにおいては、立法部と行政部の対立が起こりやすく、政府の戦争指導が一貫したものになりにくいのに対し、英国においてはそうではなかった。その対照的な好例として、マラヤ掃討戦における英国の成功、ヴェトナム戦争における米国の失敗が挙げられる。(17)

第四節　新たに何が問題とされているのか

（一）　シビリアン・コントロールのルネッサンス

これまでシビリアン・コントロールの問題については多くの議論が積み重ねられ、すでに解決済みの問題であると思われていた。しかし、近年、「シビリアン・コントロールのルネサンス」とでも呼ぶべき状況が現れている。(18)その背景には、冷戦終結後の世界におけるさまざまな問題の登場がある。そのようなものとして、民主化を目ざす中東欧諸国におけるシビリアン・コントロールの導入をめぐる経験、エスニック紛争など内戦の絶えない諸国においてシビリアン・コントロールを導入する問題、近年における米国でのシビリアン・コントロールをめぐる議論などが挙げられる。[19] そして、これらの経験や直面した問題から、従来のシビリアン・コントロールをめぐる議論が、もっぱら軍による政治介入やクーデター防止に関する問題意識に偏っていることが認識されるようになった。冷戦終結後になってスポットライトが当てられるようになった問題群への対応の必要性が、改めてシビリアン・コントロールのあり方に関する議論を活発化させることになったのである。冷戦終結後において直面した問題群として次のものが挙げられる。

規律ある軍隊の構築

リベラリズムの観点から、かつて英米両国では規律を備えた固い組織的凝集性をもった軍は自由に対する脅威となりうるものと考えられてきたが、逆に、冷戦後の経験から、規律なき軍隊も社会の荒廃を招く存在であることが痛感されるようになった。[20] そのことから、規律を備えた軍を建設し、これを維持することもシビリアン・コントロールの重要な一課題として認識されるようになったのである。

党派的政府から軍を守る必要性

シビリアン・コントロールとは、軍を「政府の腕」にとどまるようにさせるべく、政治的、法制度的措置を講じることであると観念されてきたが、それだけではなく、軍をその服従すべき対象となる政府から防衛することの重要性が認識されるようになってきた。すなわち、民主主義国家であるならば、選挙によって選出された政府が統治の任にあたるが、まさに民主主義であるがゆえに当然、その政府は党派的性格を強く帯びることになる。問題となるのは幼い民主主義のもとでは、政府が党派的な目的に従って軍を利用することがありうることである。そこから、軍をして政府に服従させるように必要な措置を講じるとともに、党派的な動きを強く示す政府による軍への介入を防ぐことも重要な課題として認識されるようになったのである。かつてマイケル・ハワードがこの種の問題を「二重の問題

(double problem)」と呼んだことがあるが、実は古くから存在する問題である。(21) 先に見たアメリカにおけるシビリアン・コントロールの諸制度は、この種の問題に対応しようとして構築されたものと見ることができよう。この問題は新たな問題というよりは、冷戦終結後における新興民主主義国での経験を通じて改めて問題として浮上するようになったというのが正確であろう。

軍事官僚機構統制の問題

軍事に関し専門家でない国防大臣などが軍事官僚機構である軍をいかにしてコントロールするのか。この種の問題は、アマチュアの監督者と専門家との関係の問題、さらには官僚機構統制の問題として定式化できるものであり、必ずしも軍事に限って見られる問題ではない。しかし、冷戦終結後に成立した多くの新興民主主義国は、これまで選挙によって選出された職業政治家が国防大臣に就任した経験が浅いため、この種の問題に直面している。

(二) 政軍指導部の共同責任論

以上の問題群は、今後の政治的・行政的実践のなかで一定の解決が図られていくものであろうが、これらの問題をめぐる議論のなかから、政軍両指導部の共同責任(shared responsibility for controlling the military)が認識されるようになったことは注目に値する。(22) すなわち、シビリアン・コントロールを全うするためには、政治指導者と軍のトップ・レベル将校団との協力が不可欠であり、この意味において両者はシビリアン・コントロール実現のための共同責任を負うというものである。例えば、軍の規律を維持することはシビリアン・コントロールの基礎となる。規律なき軍はもはや軍ではなく、無頼の輩の集まる武装集団にしかすぎない。そのような武装集団が政府の統制に服することはありえない。軍の本質は一個の命令に服する組織的な武装集団ということにあり、一般兵士を含めた総体としての軍に規律を徹底させ、この規律に基づく組織性を維持するのは、まさに将校団のなしうる任務である。この意味において、将校団はシビリアン・コントロールの実現に向けて一定の責任を負うことになる。また、政府が党派的な目的のために軍を使う場合、政府内の政治家が軍の正規の指揮系統を無視して特定の軍人ないし部隊を利用するものであることは、これまでの経験から明らかになっている。従って党派的な動きから軍を守るためには、このような正規の指揮系統から踏みはずれた指示に従って行動することを禁ずる措置を軍全体に周知徹底させることが必要になるが、これも将校団以外にはなしえない任務である。また、極端なケースとして、クーデターについても、一度発生したクーデターを鎮圧するのは軍以外にありえず、この点においても将校団はクーデター予防と鎮圧に大きな役割と責任を果たすのである。そのことはゴルバチョフ時代のソ連、エリツィン時代のロシアにおいて経験済みである。この共同責任論の前提には将校団でなければなしえない任務分野を尊重すべきだとする考え方がある。アマチュア（国防大臣）と専門家（軍）との関係のあり方をめぐって、将校団は政治指導部の単なるエージェント（代理者）であるとすることは、ヴェトナム戦争時の苦い経験をまつまでもなく無理があるものと考えられる。「シビリアン・コントロール」とはその字義どおりに解するならば、政治指導部が軍を統制するということであり、統制の対象となる軍将校団が政治指導部と共同責任を負うとする考え方は「シビリアン・コントロール」と矛盾するように思われるが、その一方、兵士や下級将校を含めた総体としての軍を統制するために、軍の限られたトップ・レベル将校団がそのなしうる任務を果たし、政治指導部とともに共同責任を負うと考えれば、矛盾すると見えることに由来するある種の違和感も緩和されるのではないだろうか。むしろ「シビリアン・コントロール」という言葉の存在にかかわらず、政軍関係が上手く運んでいる英国などの先進諸国においては政治指導部と軍トップ・レベル将校団とは協力しあって、シビリアン・コントロール実現のための共同責任を果たしてきたのが実態であり、そのことが冷戦終結後の新興民主主義国の経験を通じて、改めて認識されるようになったというのが真相に近いであろう。

(二) 新たな問題の予兆

以上見てきた問題群は、旧ソ連や中東欧諸国、発展途上地域における破綻国家などにおける経験に基づき、改めて認識されるようになった問題であり、実は先進諸国においてはすでに経験済みの問題であるといえよう。二一世紀を迎える現在、政軍関係の新たな問題として何があるのか。現時点で、新たな問題は依然としてその姿を現していないが、それを予感させる兆候はすでに見られる。その兆候のひとつがエドワード・ルトワックのいう「犠牲者なき戦争(Post-Heroic Warfare)」である。[23] この問題は政軍関係における二重の課題のうち、内政次元のシビリアン・コントロールの問題というよりは、外交―軍事戦略的合理性の次元における問題に属する。アメリカを始めとする先進諸国において、戦争における人命の尊重を重視する風潮が強くなっており、その端的な実例をソマリアにおける第二次国連ソマリア活動(UNOSOM II)において見ることができる。一九九三年一〇月におけるソマリア武装勢力との衝突によって米兵一八名が死亡した結果、米国内で批判が噴出し、翌年三月、アメリカ軍はソマリアから撤退した。死亡した米兵の遺体がソマリア武装勢力によって引きずりまわされている様子のテレビ映像が米国民に強いショックを与え、ついにはソマリア撤退にまで至ったことはよく知られているとおりである。ロシアもまた例外ではなく、ソ連時代のアフガニスタン戦争において、ソ連軍現地司令官は戦死傷者を出さないようにとモスクワから圧力を受け、そのため、その軍事行動の慎重さには際立ったものがあったという。[24] 現在、アメリカ軍が精力的に推進しようとしている軍事上の革命(RMA)には戦死傷者の少ない戦争をめざす狙いが含まれているものと考えられる。

このような事態が将来について暗示するのは何であろうか。政府、軍隊、国民の三重構造体の構図を描いたクラウゼヴィッツは、国民の憤怒と激情によって戦争が当初の政治目的の定める限度を超えてエスカレートし、外交―軍事戦略的合理性から逸脱する可能性を憂慮したものだった。実際、一九一四年から一八年においては、いったん戦争の幕が切って落とされると、民衆の激情が噴出し、政府（政治的知性）によっては手の尽くしようのない事態が到来した。そして、未知の世界に足を踏み入れ、不安に駆られた政治指導者は軍部に大きな発言権を与え、彼らに責任を負わせた。[25]政府が軍を統制するどころではなかった。そこには政治的知性が指し示す国益の概念もなければ、その国益が必要とする戦争遂行の姿などどこにもなかった。

人命尊重の風潮が強まっているなか、戦死傷者の発生を国民が忌避するようになったことは、クラウゼヴィッツの直面した問題——国民の激情によって政府が事態を制御できなくなり、当初の政治目的を超えて戦争がエスカレートし、外交—軍事戦略的合理性を失う——が消失することを意味するのであろうか。おそらく戦争のエスカレーションは起こりにくくなるであろう。けれども、その反面、将来の政治指導者はクラウゼヴィッツの直面した問題の裏返しとでもいうべき問題に遭遇する可能性がある。すなわち、国民の間に横溢する人命尊重の風潮によって、国益の観点や国際的正義の観点から軍事力行使が必要になってもそれが難しくなる可能性である。民衆の間から噴出する人命尊重の風潮のため、外交—軍事戦略的合理性に照らして必要とされる軍事力の行使が麻痺して、政府と軍の関係がギクシャクすることが考えられるのである。もちろん、これに対する反論も考えられる。自国の国益が大きくかかっていない周辺地域での武力行使については、なるほど国民は人命尊重の価値を重視するとしても、一度、自国に対する侵略がなされたり、極めて大事であると信じる価値への侵害があった時は同日の談ではないとする反論であり、この反論にも大きな説得力がある。もし、そうであるならば、今後、周辺地域での戦争と死活的な国益がかかっている戦争とでは異なるかたちで戦争が遂行され、戦争遂行の姿の二極分化が起こる可能性がある。いずれにせよ、人命尊重と戦死傷者忌避の風潮が単なる一過性の流行ではなく、時代精神とでも呼べるほどのものになっていくのか、そして、それが戦争における戦略的合理性を踏みはずさせるほどのものになるのか、それは将来に待たなければ本当のことは見えてこないだろう。

おわりに——再び、政府、軍隊、国民の三重構造体について

近代国家が成立して以来、国家主権者（君主）は社会内に拡散した物理的暴力の集中独占を漸次図り、その努力は国民国家において完成された。前章において見たように、一九世紀以降の国民国家の時代において、国軍以外の軍隊は姿を消し、そして国軍のみが国家に集中独占された物理的暴力行使の正当な担い手として現れた。一国内における暴力行使が禁止されているなか、国軍は破壊的な物理的暴力手段を保持する特権を国家から認められた代わりに、国家主権者からの厳しい監視と統制を受けなければならなかった。

戦争は他の手段による政治の継続であるとのクラウゼヴィッツの有名な規範的命題は、政府が軍をよく掌握し、軍が政府の定めた政治目的実現のために奉仕する道具的存在となる国民国家においてこそ可能になる。けれども、これまで見てきたように、現実においては必ずしもそうなっていない。ひとつには、国家と政府が別のものであるため、国家（ないし国家を代表する理念）に忠誠を誓うと称する軍が時の政府の統制から逸脱することが過去において見られた。さらにもうひとつの重要なこととして、国民国家における主権者である国民の存在である。クラウゼヴィッツは国民の登場、そして、そのことが戦争に与える意味合いを鋭く認識しえたから、政府、軍隊、国民の三重構造体論を提示することができた。彼は政治的知性が戦争を導くのであり、そして、そうあるべきだとの命題を示したが、その一方、彼は国民の存在により、その命題の実行に困難があることも知悉していたのである。さらにクラウゼヴィッツとは異なる時代に生きているわれわれにとって、この困難さに拍車をかけているのが、政府と軍の関係を規律する規範的概念としてのシビリアン・コントロールが厳然と存在していることである。シビリアン・コントロールの概念には、まさに国民国家の時代における主権者が国民であるが故に、それに発する政治原則であるリベラル・デモクラシー

の理念が強く刻印されている。国民国家における政軍関係を規律する規範的概念であるシビリアン・コントロールは決して外交―軍事戦略次元の合理性を追求する観点から形成されたものではなく、そのため、政治的知性が戦争を導くべきだとするクラウゼヴィッツの命題と抵触する可能性が大きく潜んでいる。けれども、この難題に対して、われわれはシビリアン・コントロールか、外交―軍事戦略的合理性のいずれを選ぶべきかという安易な問題設定をしてはならない。シビリアン・コントロールの背後にある中心的な政治理念であるリベラル・デモクラシーは、およそ人が人を治める統治の原則として、他に代わるものが考えられない最良の政治原則であり、実際、これまでの長い人類の歴史の試練に耐えてきた。二〇世紀に入って、リベラル・デモクラシーはナチズム、マルクス・レーニン主義からの相次ぐ挑戦を克服し、ソ連崩壊後のポスト冷戦の世界においては、われわれが現に目撃しているように、普遍的な統治の原則として地球規模で広がりつつある。そのようななか、国民が軍事問題に関して冷静な認識をもち、その一方、軍指導層がリベラル・デモクラシーの価値を信じていることが、政軍関係に潜む難題を克服する第一歩となろう。しかし、つまるところ、この難題を克服する最終的な鍵は三重構造体の一角を占める政治指導者にある。リベラル・デモクラシーを堅持しつつ戦略的合理性にかなった政治指導を行うことは、ひとえに政治指導者の責任領域に属するのであり、なにが適切な政軍関係であるかは厳しい政治的実践のなかで政治指導者がそのつど答えを出すしかない永遠の課題なのである。

（長尾　雄一郎）

第四章　情報技術革命と戦争の将来

はじめに

本章の目的は、情報技術革命が戦争にどのような変化を及ぼしているかを分析し、戦争の将来について考察することにある。(1)

本論に入る前に、兵器や戦術・戦略について概観しておきたい。兵器は四つに階層化され、兵器体系を構成する。(2)まず兵器体系の頂点に位置するのが、例えば銃弾、砲弾、ミサイルや魚雷の弾頭など、敵を破壊するための破壊体である。破壊体には大別すると三種類ある。第一に、運動エネルギーで目標を破壊する運動破壊体である。これには刀、槍、薙刀などの白兵や矢尻、銃弾などがある。このほかに最先端の運動破壊体には、磁力によって弾を超高速で撃ちだすレールガンのようなＫＥＷ（Kinetic Energy Weapon）と呼ばれる運動エネルギー兵器や、光のエネルギーを利用したレーザー兵器のようなＤＥＷ（Directed Energy Weapon）と呼ばれる指向性エネルギー兵器がある。第二に、砲弾やミサイルの弾頭のように破壊体そのものが爆発して目標を破壊する爆発破壊体がある。これには火薬を用いる通常弾頭と核物質を用いる核弾頭がある。第三に、化学兵器や生物兵器のように、砲弾や弾頭に毒ガスや細菌を充填して目標とする人や動植物の生命機能を破壊する機能破壊体がある。これらの銃弾、砲弾、弾頭などの破壊体を加速して目標に向け発射するのが、銃、砲、ミサイルなどの発射体であり、発射体を据えつけ運搬するのが、戦車、航空機、艦船などの運搬体である。以上の破壊体、発射体、運搬体の体系的、効果的な運用を支援するのが、兵器体系の最も基底部にある支援体である。これには電信、電話、通信衛星などの情報・通信システム、兵士の教育・訓練にあたる教育・訓練システム、兵器の開発や生産にあたる開発・生産システムそして兵員・物資などの輸送、道路・基地などの建設、補給・整備、医療などの兵站システムなどがある。

一方、兵器を戦場で効率的に運用し、敵の軍事力を無害化するために戦術があり、そして軍事力や戦争を政治に活用し「相手に我が方の意志を強要する」ために軍事戦略や国家戦略などの戦略がある。

現在進行中の情報技術革命は、兵器体系を飛躍的に進歩させた結果、戦術・戦略はもちろん戦争に次のような大きな変化をもたらしている。

第一に、戦争の仮想現実化。情報技術革命は支援体の情報・通信システムを飛躍的に進歩させ、その結果、戦闘空間をいわば五次元の電脳空間（cyber space）にまで拡大しつつある。この電脳空間での電脳戦（cyber warfare）では、クラウゼヴィッツの定義する「強力行為」としての戦争の本質は変わらないものの、戦闘の形態、兵器の質、戦術・戦略は一変する。一発の銃弾も撃たず、一滴の血も流すことなく、コンピュータのソフトウェアである電脳兵器（cyber weapon）によって「相手に我が方の意志を強要する」ことが可能になる。電脳戦争では、従来の「物理的強力行為」としての軍事力は全く意味をなさない。

第二に、戦争の倫理化。(3) 情報技術革命は破壊体や発射体の命中精度を飛躍的に向上させ、従来の命中精度をはるかに凌ぐ精密誘導兵器を登場させた。精密誘導兵器により、交戦法規が求めていた非戦闘員に対する付随的被害の極小化が現実のものとなった。言い換えるなら、情報技術革命により厳密な法にのっとって倫理的に戦争を遂行できる技術的裏付けが与えられたのである。それは、倫理的制約の中で軍事力の使用を容易にし、軍事力の役割を高める結果となっている。

第三に、戦争の管理化。情報技術革命にかかわる技術やそれに基づく軍事力すなわち開発・生産システムや兵站システムでは米国が他国を圧倒している。その結果、現在のところ軍事力で米国に対抗できる国家は無く、かつてのローマ帝国がそうであったように、事実上の軍事的一極支配のもとで米国は国益にかかわる戦争を管理下に置きつつある。支配者たる米国にとって軍事力は戦争を管理し、パックス・アメリカーナを維持するための重要な手段となりつつある。

以上に加えて、情報技術革命は戦争の脱国民国家化をもたらしつつある。つまり、情報技術革命は高度な専門知識を必要としている。そのためフランス革命以来、国民すべてが参加する近代の国民化された戦争を、国民の手から一部の専門家の手に委ね、いわば脱国民化された脱近代の傭兵型戦争へと変える可能性さえある。また情報技術革命は非国家主体に国家と対等に「物理的強力行為」さらには「精神的強力行為」で対抗できる技術的可能性を開き、国家による軍事力の独占体制を崩壊させつつある。その結果、武装非国家主体によるテロ・ゲリラのような、脱国家化そして脱国民化した宗教紛争や民族紛争のような地球社会武力紛争（GASC: Global Armed Societal Conflict）が生まれつつある。国家が独占してきた軍事力は、非国家主体も保有可能な、より一般的な武力として、容易に使用される状況が生まれてきた。

なお、戦争の脱国民国家化については、これまでにも他で詳しく論じてきたので、(4)ここでは紙幅の関係上、割愛する。また戦争の脱国民国家化に対しては、第二章で詳述されているように、さまざまな反論が加えられている。この問題には依然として、明確な結論は出ていない。

本章では、情報技術革命がもたらした前述の三つの戦争の変化に焦点をあて考察する。そして最後に戦争の将来について論究する。

第一節　戦争の仮想現実化

情報技術革命は、支援体の情報・通信システムを飛躍的に発達させ、これまでの戦争の概念を一変させる戦争の仮想現実化をもたらしつつある。この仮想現実化された戦争が情報戦（information warfare, infowar）あるいは最近では電脳戦と呼ばれるようになった新しい形態の戦争である。情報技術革命の結果、コンピュータおよびそれらを統合するコンピュータ・ネットワークが電脳空間といういわば五次元の新たな戦闘空間を生み出した。そこに電脳戦という新たな戦争が繰り広げられる可能性が出てきたのである。(5)

（一）　新たな戦争の出現

情報技術革命の中核となる技術はコンピュータである。コンピュータを神経細胞とすればコンピュータをつなぐインターネット回線は、神経細胞から伸びる神経繊維のようなものである。世界中のコンピュータがインターネット回線によって接続された結果、地球全体にいわば並列式の巨大なコンピュータが出現したのである。否、むしろ有機体化しひとつの巨大な「人工脳」が生み出されたといっても過言ではない。その結果、人間でいえば、神経細胞の複雑な絡まりの中で心理空間が生み出されるように、ネットワークの絡まりの中で電脳空間が形成されている。そして、心理空間を戦闘空間とする心理戦があるように、電脳空間を戦闘空間とする新たな戦争すなわち電脳戦が出現しつつある。

振り返ると軍事技術の発達史(6)の一側面は、運搬体による戦闘空間の拡大の歴史であった。運搬体が平面しか移動できなかったために、戦闘空間は、長い間、二次元の平面に固定されていた。例えば陸地ではヒトやウマあるいはチャリオット（二輪戦車）、一方水上では丸木船、ガレー船、帆船などにより平面移動しかできなかったのである。やがて一九世紀末になり内燃機関が発達すると、一八九九年に初の実用潜水艦が就役し、一九〇三年に初めて航空機が登場し、さらに一九四二年にはミサイルの原型となるV2号の試射にドイツが成功した。こうして、三次元空間を移動可能な新たな運搬体の登場により、戦闘空間は空中さらには大気圏を超えて宇宙へ、そして海中へと三次元空間を拡大していった。戦闘空間が空に拡大したときに空軍という新たな軍種が作られたように、電脳空間という新たないわば五次元の戦闘空間の出現により、われわれはこれまでとは全く異なった電脳軍（cyber force）という新たな軍種の創設が必要になるだろう。そして電脳軍に合わせた新たな軍事力を整備し、これまでとは全く異なった戦略を立て、全く異なった戦術のもとで、全く異なった兵器を用いて電脳戦を戦うことになるだろう。(7)

電脳戦は大別すると、情報操作、情報利用そして機能破壊の三つの戦闘形態が考えられる。(8)

第一の戦闘形態である情報操作は、いわゆる心理戦である。例えば敵に偽情報を流して欺瞞工作を行って敵を攪乱する情報操作は心理戦の常套手段として古来から行われてきた。二〇世紀に入ってラジオや映画、新聞などマスメディアが発達すると、情報操作に新たな手法が開発された。例えば写真の不都合な部分を消したりあるいは逆に付け加えたりする写真の加工技術や、ラジオや新聞などのマスメディアによる宣伝放送といった世論操作である。電脳戦においても心理戦は重要な戦闘形態のひとつである。ただし以下に述べるように、情報操作の手法はすべての情報を0と1のデジタルに置き換える情報技術を利用してはるかに洗練され巧妙になっている。

例えばこれまで職人技が要求された写真の加工など、コンピュータの画像処理技術で簡単にできる。またテレビの画像や音声の加工なども、いとも簡単である。この加工技術を利用して、例えば指導者の印象を変え、支持者や国民の信頼感を失わせるようにすることなど、技術的には何の造作もない。例えば我に有利な方向へと世論を操作するために、政府のホームページを改ざんすることも、少しコンピュータの知識があれば簡単にできる。このように電脳空間における心理戦は、これまでのような宣伝放送や宣伝ビラなどの幼稚な手段ではなく情報技術を利用した多種多様な手段があり、しかもその手段は極めて精緻かつ巧妙である。実際、情報がすべて0と1にデジタル化された電脳空間では、どのようにでも情報を加工できるために、情報が虚偽か真実かを判断することはきわめて困難である。

電脳戦争は情報による情報戦争である。まさに「敵を知り己を知れば、百戦危うからず」という孫子の格言が情報技術革命時代にあっては一層重みを増してきた。情報をいかに収集するかが情報技術革命時代の戦争を有利に戦う必須の条件である。そのためにこれまでC^3I（Command, Control, Communications and Intelligence）といわれてきた情報・通信システムにC^4ISRとして新たにC（Computer）、S（Surveillance）およびR（Reconnaissance）が付け加わったことでも明らかなように、情報収集の重要性が増してきているのである。そこに情報利用という電脳戦の第二の戦闘形態が生まれる。

情報利用とは、敵の情報を収集しそれを利用して我に有利な戦況をつくり出す諜報活動である。これまでの諜報活動には、人間によるヒューミント（HUMINT: Human Intelligence）、電波情報をとるエリント（ELINT: Electronic Intelligence）、通信を傍受するコミント（COMINT: Communications Intelligence）などがある。電脳戦ではこれらに加えてコンピュータを介して電脳空間でデータを入手し、入手した情報を利用して我に有利な戦況をつくり出すのである。例えばパスワードやデータの窃取、個人情報や電子メールの覗見などは、電脳空間における情報収集の典型的な事例である。

情報技術革命は必然的にコンピュータのネットワーク化をともなう。ネットワーク化が進めば進むほど社会全体がひとつの巨大なコンピュータ・システムと化し、わずかなバグに対しても脆弱な体制となる。実際、ネットワーク社会では、水道、ガス、電気などのライフラインや金融、通信、交通などの社会機能は脆弱になる。ここに機能破壊という電脳戦に固有の第三の戦闘形態が生まれる。機能破壊とは、コンピュータ・ソフトウェアを兵器として用い、敵の兵器、軍隊、社会などの機能を操作したり破壊するクラッキングのことをいう(9)。例えば目的のコンピュータに侵入してソフトウェアを書き換え、コンピュータ・システムを破壊することで、兵器を無害化したり、軍事組織の命令系統を混乱に陥れ、戦争の遂行を困難あるいは不能にする。銀行システムを破壊したり操作するなどして経済混乱を引き起こす。あるいはコンピュータ・ウィルス、コンピュータ・ワーム、ロジック・ボムなどのコンピュータ・ソフトウェアの電脳兵器によって、コンピュータ・システムを混乱に陥れる。これらが物理的破壊なき戦争である機能破壊戦の典型的な戦術である。

（二）電脳戦の特徴

電脳空間では、電脳軍事力においては個人と国家はまったく対等である。なぜなら電脳軍事力とは要するにソフトパワーとしての知力だからである。知力は個々人の能力である。決して、個々人の知力の総和が国家の知力にはならない。兵士の数の総和、兵器の数の総和が国家の軍事力の指標になる現実空間のハードパワーとしての軍事力とはこの点で全く異なる。そして個人の能力である知力だけが電脳空間における戦力である。それゆえ、電脳空間では知力さえあれば個人でも国家と十分に対抗できる局面が開けるのである。国家が何百人何千人と電脳兵士（cyber soldier）を集めてクラッキングの防御をさせても、電脳兵士が凡庸な知力のもち主ばかりではひとりの天才的なクラッカーに対抗することはできない。体力を基礎とする通常の軍事力とちがって、知力に基づく電脳軍事力では足し算は無意味である。電脳軍事力は量より質であり、量が質に転化することはない。

電脳戦が個人の知力に依拠しているという事実は、兵士の教育・訓練、軍隊の編成や戦術に革命的な変化をもたらす。電脳戦に対処するには、これまでの知力よりも体力、思考よりも運動を優先する兵士の教育・訓練体制は全く役に立たない。電脳兵士は老若男女を問わない。優秀な兵士の基準はただひとつ、知力のみである。コンピュータを操作するのに体力はいらない。従って電脳兵士の教育・訓練は、ひたすら知力の鍛練にある。その目的は、敵よりも知力に優れた兵士を養成することである。

また軍事組織にも大きな変化が起こる。これまでの軍事組織が上意下達型の垂直階層構造であったのと異なり、電脳部隊の組織はインターネットのように水平型ウェッブ構造となる。電脳戦に将校や下士官、兵などによる組織的、集団行動は不要である。ひとりの優秀な電脳兵士がリーダーシップをとるだけである。そのために、情報はすべての電脳兵士が共有し、状況に応じて最も知力に優れ有効に電脳戦を戦える電脳兵士がリーダーシップをとるのである。これは現在ハッカー・グループが行っているのと同じ組織行動である。その意味で電脳兵士の養成や電脳部隊の創設というのは、結局のところ、国家によるハッカー・グループの育成にほかならない。(10)

また電脳攻撃（cyber attack）の戦術は、基本的には電脳テロ（cyber terrorism）の形態をとる。電脳戦に正規戦などない。だれがテロを仕掛けたのか、あるいはどこから攻撃をしかけているのかなど、現実のテロ以上に電脳テロや電脳攻撃では、テロの実行行為者や攻撃の場所を特定するのは困難、もしくは最悪の場合不可能である。この実行行為者が特定されにくいというメリットを利用すれば、これまでの国家支援テロ以上に国家はハッカーを支援するなど容易に国家支援テロを実行できる。他方、実行行為者や攻撃の場所が特定困難ということは、防御する側からすれば、予防攻撃をすることもできず、敵に電脳空間で反撃を加えることも容易ではないということである。結局、防御側の戦術は、基本的には情報戦略拠点（ノード）の防衛である。情報の結節点を集中的に防御し、被害の極小化を図ることである。加えて、情報網システムのリダンダンシーを高めるべく、システムのバックアップ体制を固めるしかない。また電脳テロを実行できるだけの知力をもった人物を監視下におくことも重要である。実際、映画『マーキュリー・ライジング』で描かれたように、ひとりのパズル好きの少年が国家の情報を解読し安全保障に重大な危害を与えるなどということも映画の世界の出来事とばかりはいえない。

第二節　戦争の倫理化――「厳密な法の復活」

軍事力の進歩を貫く思想は、より強く、という大量破壊への飽くなき願望である。それは、クラウゼヴィッツの「戦争は一種の強力行為である。そしてかかる強力行為には限界が存在しない」(11)という極度の論理に従った軍事技術思想である。武器の発達の歴史の中でこの軍事技術思想の実現に向け、破壊力を飛躍的に増大させる技術革新が過去二回、爆発破壊体で起こっている。第一回目は一三世紀頃の火薬の発明であり、第二回目は一九四五年の核兵器の開発である。その結果、少なくとも、より強力、にという大量破壊に向けた爆発破壊体の技術革新は極度に達したのである。そして今では大量破壊から一転して少量破壊の技術思想に基づく精密誘導兵器(12)、運動エネルギー兵器あるいはナノ・テクノロジーやバイオ・テクノロジーに基づく非殺傷兵器などの新たな技術フロンティアの開拓がすすめられている。この少量破壊こそが戦争の倫理化の技術的裏付けとなっている。

（一）　大量破壊から少量破壊へ

火薬が発明される以前、破壊体はすべて運動エネルギーによって破壊力を得る運動破壊体であった。例えば棍棒から刀に至るまで手の代わりとなって殴るという運動機能を増幅する武器は、その材質が骨や石から青銅そして鉄に代わったものの、これらの武器が利用するエネルギーは手そのものを武器としていた時と変わりなく筋肉の運動エネルギーである。その後の武器の技術発展は、この筋肉のエネルギーをいかに増大させるかにあった。例えば弓や弩のように木や竹または鋼のしなりを利用したり、あるいは石や鉄を遠くに飛ばすために遠心力を利用した投擲補助具によって筋肉エネルギーを増大させた。また、さらに大きな石や鉄を遠くへ飛ばすために、板バネを利用したバネ式発射装置、毛髪や紐のねじれを利用したねじれ式発射装置、そしておもりを利用した平衡おもり式発射装置などによって、筋肉エネルギーを増大させた。たしかに、こうした道具や装置によって筋肉エネルギーを一時的に蓄え一気に放出させることで大きな破壊力を得ることはできる。しかし、もともとは筋肉の運動エネルギーである。そのため武器の破壊力は、結局、兵士の体力に左右されることになった。

その後、火薬が発明されると運動エネルギーに代わって、火薬の化学エネルギーを利用した銃や砲が登場する。化学エネルギーは筋肉の運動エネルギーとは比較にならないくらい大きな力を生み出した。その結果、化学エネルギーは機械式の投擲装置で飛ばすことができる石や金属より重い弾丸をより遠くへ飛ばし、そしてより大きな破壊力をもたらした。当初、弾丸は石や鉄、鉛などの爆発せずに運動エネルギーを利用するだけの運動破壊体であった。やがて弾丸そのものにも火薬が装填され、目標物を運動エネルギーではなく火薬の化学エネルギーによって破壊できる爆発破壊体が登場すると、銃や砲の破壊力は一層増大した。一三世紀に始まる化学エネルギーを利用した武器の時代は二〇世紀半ばまで続く。その間火薬の質は飛躍的に向上し、破壊力を増した。そして弾丸を撃ち出す発射体の銃や砲も大きく進歩し、さまざまな種類の火器がつくり出された。また爆弾も手榴弾から航空機搭載の爆弾まで、地雷から艦艇搭載の魚雷までさまざまに進歩した。その結果武器の破壊力は著しく増大し、第一次世界大戦や第二次世界大戦のような惨禍をもたらしたのである。とはいえ、火薬の化学エネルギーの破壊力にもやはり限界がある。砲弾であれ爆弾であれ、実戦配備されたこれらの爆発破壊体の破壊力は、TNT火薬の重量換算でせいぜいトンの一桁もしくは二桁の単位程度でしかない。

この限界を突破したのが一九四五年に登場した核兵器である。核分裂や核融合の核エネルギーを利用した核兵器は化学エネルギーとは比較にならないほどの強大な破壊力をもたらした。核分裂の場合、五キログラムのウラン二三五が一〇〇パーセント核分裂したとすると、ＴＮＴ火薬九万トンに相当する破壊力になる。核融合を利用した水爆には理論上破壊力に上限はない。実際、実戦配備された最大の水爆では、その放出エネルギーはＴＮＴ火薬に換算して約二千五百万トンから数千万トンといわれ、事実上無限大の破壊力を秘めている。石器や鉄器以来、武器の破壊力の増大を目指した人類は、核兵器の発明によってついに無限大の破壊力を手に入れた。現代の物理学で知られている限り核エネルギーに勝る物理的破壊力を秘めたエネルギーはない。結局、核兵器の発明をもって、より強く、という人類の飽くなき願望はついに実現し、クラウゼヴィッツの絶対戦争(13)すらも超越する、勝者も敗者もいない人類絶滅戦争が現実のものとなった。この時、クラウゼヴィッツのいう極度を超越し、大量破壊の実現を目指した武器の進歩の歴史は終焉を迎えたのである。そして、より強く、という大量破壊の願望に代えて、全く正反対の、より弱く、という少量破壊への願望が新たな武器技術の発達の動因になったのである。

実際、破壊力のあまりの大きさの故に核兵器は事実上使えない、あるいは極めて使いにくい兵器となった。今や使える武器を目指して、技術開発の新たなフロンティアは一転して爆発破壊体の爆発力を制御、縮小し破壊の効率化を目指すか、あるいは運動破壊体の技術では新たな運動エネルギー兵器の開発を目指しつつある。例えば核兵器の技術開発は、いかに核エネルギーの放出を制御し兵器を小型化するかに向けられている。一方、運動エネルギーの見直しにより少量破壊を目指す運動破壊体の技術がアメリカでは研究されている。例えばかつての戦略防衛構想（ＳＤＩ）計画では磁気エネルギーを運動エネルギーに変えて金属弾を打ち出すレールガンのような運動エネルギー兵器やレーザー・ガンのような指向性エネルギー兵器が研究された。現在の戦域ミサイル防衛（ＴＭＤ）計画でもＳＤＩ計画を引き継いだ運動エネルギー利用の武器の開発が予定されている。例えばＳＭ－３ミサイルの弾頭部分は運動破壊弾頭あるいは迎撃体（kinetic kill vehicle）と呼ばれる運動破壊体で、目標ミサイルに体当たりして撃破する運動エネルギー兵器である。こうして技術のフロンティアでは爆発破壊体の改良や運動破壊体の技術の見直しが行われている。

より弱くといっても、ただ破壊力が弱ければよいというのではない。付随的犠牲を極力少なくする程度には弱く、その一方で「敵の防御を完全に無力ならしめる」[14]程度には強くなければならない。言い換えるなら少量破壊とは、いかに最小限の破壊で最大の効果をあげるか、つまり破壊の効率化にほかならない。破壊を効率化し少量破壊でも大きな効果をあげるには、正確に目標に弾頭を命中させる必要がある。逆に命中精度が高くなればなるほど、爆発破壊体の爆発力を減少させても、また運動エネルギー兵器のように爆発させずに運動エネルギーだけでも「敵の防御を完全に無力ならしめる」ことは可能になる。

武器の進歩の歴史を振り返ってみると、そこには、より強く、という破壊体の技術とともに、より正確に、という技術が発射体に追求されてきた。運動エネルギー時代には石や弓矢、化学エネルギー時代には弾丸や爆弾そして核エネルギー時代には核ミサイルの弾頭をいかに正確に目標に命中させるかが、発射体の技術開発の目標であった。しかし、命中率を高める技術には革命的な変化は第二次世界大戦まで全く無かったといっても過言ではない。実際、運動エネルギーを利用した弓矢であれ、化学エネルギーを利用した銃や砲、また航空機から投下する爆弾であれ、銃や砲の施線、爆弾の安定翼、爆撃照準装置、測距儀など命中精度を向上させる工夫や装置はあったものの、最終的には個人の技量が命中率を左右したのである。

この、より正確に、という願望を実現する上で革命的な変化が起きたのは、ジョン・フォン・ノイマンがＥＤＶＡＣと呼ばれる電子式コンピュータの設計に着手した一九四五年である。[15]ＥＤＶＡＣは現在のコンピュータと同じくプログラム内蔵制御方式を初めて採用し、コンピュータを単なる「電子計算機」から考える機械「電脳」へと発展させる基礎を築いたのである。これ以前に開発された電子式コンピュータ、例えばイギリスのカルロッサやアメリカのＥＮＩＡＣは文字通り電子計算機であり、前者はドイツの暗号エニグマ解読用に、後者は砲弾や弾道ミサイルを正確に命中させるための弾道計算用に開発された。いずれにせよコンピュータも軍事技術の一環として開発が進められたのである。

ノイマンのＥＤＶＡＣに始まる電脳革命は今では情報技術革命へと発展して、その変化の度合いを加速度的に増している。冷戦時代に米ソの軍事技術競争によってコンピュータは日進月歩の発展を見せた。その結果、兵器のインフラストラクチュアのひとつ、C^3Iシステムが進歩し、武器やミサイルや魚雷などの運搬体の精密誘導が可能になった。現在コンピュータは日進月歩どころか秒進分歩と呼ばれるほどに加速度的に進歩し、C^3Iはコンピュータを加えてC^4Iと呼ばれる高度なシステムとなっている。C^4Iの先端システムのひとつであるＧＰＳ（Global Positioning System）は、巡航ミサイルを飛翔距離に無関係に目標に数メートルの正確さで命中させ、また高高度から投下されるＧＰＳ爆弾も数メートルの範囲に命中させることができる。より正確に、という精度の向上は、スタンド・オフ（撃ちっぱなし）という言葉に表されるように、もはや個人の技量とはほぼ無関係になってしまった。

以上のように核兵器によって、より強く、という破壊体の大量破壊の技術が極度に達した結果、一転してより弱く、という少量破壊、言い換えるなら破壊の効率化の軍事技術思想が新たな技術フロンティアとして追求されるようになった。少量破壊を実現するには命中精度の向上を図らなければならない。命中精度の向上すなわち、より正確に、という軍事技術思想は、電脳革命そして情報技術革命に基づく精密誘導の技術によって初めて革命的な進歩を遂げつつある。

たしかにクラウゼヴィッツは、このような少量破壊の思想を謬見であるとして、次のように批判している。「戦争の本旨は彼我の協定によって相手の武装を解除し或は相手を降伏させるだけでよいのである、なにも敵に過大の損傷を与えるには及ばない、そしてこれが戦争術に本来の意図なのである、と。このような主張は、それ自体としてはいかにも結構至極であるが、しかし我々はかかる謬見を打破しなければならない。戦争のような危険な事業においては、善良な心情から生ずる謬見こそ最悪のものだからである」。しかし、クラウゼヴィッツは続けてこうも記している。

「物理的強力の全面的行使といっても、それは決して知性の協力を排除するものではない[16]」。つまり、知性によって「物理的強力の全面的行使」が制限される可能性を指摘している。

実際、現実の戦争において「知性の協力」が排除されたことはない。クラウゼヴィッツのいう「現実の手直し」が「戦争の概念における極端なもの絶対的なもの」を「現実の戦争において確実と認められるところのもの」に代えていくのである。この「現実の手直し」は、兵器の発達においても見られる。兵器は単に技術や戦争によってのみ発達したのではない。思想、倫理など「知性の協力」を受けながら進歩していったのである。兵器の発達は大量破壊への飽くなき願望であると前述したが、この願望が常に支持されてきたわけではない。それどころか、強力な武器が登場するたびに、それに対する「現実の手直し」として、たとえ一時的にではあれ、倫理が大量破壊への歯止めをかけたのである。

（二） 少量破壊の倫理

では、どのようにして「現実の手直し」が行われてきたのか。それを、兵器と倫理の関係の中で歴史的に鳥瞰してみると次のようになる。中世ヨーロッパでは「火縄銃は不名誉で犯罪的なもの[17]」と考えられていた。従って銃を用いることは騎士にとって不名誉なこととされ、騎士が銃を用いることはなかった。やがて銃が槍に取って代わって実戦で受け入れられるようになる。すると、今度は銃に代わって機関銃が騎士道に反する殺戮の武器であるとみなされた。事実、ガトリング機関銃やマキシム機関銃などは一九世紀半ば以降にはすでに開発されていたにもかかわらず、欧米白人世界では騎士道の伝統の無いアメリカの南北戦争で使用された以外、第一次世界大戦までは長らく実戦に本格的に使われることは無かった[18]。ただし、セシル・ローズら西欧列強の植民地主義者は人種的差別意識に基づいて、植民地獲得のためにアフリカの黒人には何らの倫理的なためらいも無く機関銃を使用した[19]。また日露戦争でもロシア軍が使用し、日本兵に多数の犠牲者が出た。騎士道は白人の間にしか適用されなかったのである。

兵器を明文化した法によって規制しようとする動きは、一八六八年のサンクト・ペテルブルグ宣言を嚆矢とする。その後一八九九年にはダムダム弾禁止宣言が出された。一方戦争そのものを法によって規制しようとする動きも、一八八九年および一九〇七年のハーグ平和会議で採択されたハーグ法に見ることができる。しかし、第一次世界大戦で機関銃が実戦使用され大量破壊への倫理的障壁がいったん破られると、毒ガスが実戦使用されるなど大量破壊に倫理的歯止めがなくなった。第一次世界大戦では毒ガスや細菌兵器など、およそ考えられるすべての兵器が大量破壊に向け開発された。大戦の反省から第一次大戦後には一九二五年六月に締結されたジュネーヴ議定書で毒ガスや細菌兵器の使用が禁止され、多少なりとも倫理的制約が設けられた。しかし、第二次世界大戦では大量破壊に対する倫理的障壁は再び破られ、究極の大量破壊兵器である核兵器が広島、長崎で実戦使用された。

もちろん倫理的障壁だけではないにせよ、広島、長崎の惨禍から育まれた倫理的障壁の故もあって、第二次世界大戦後に、例えば朝鮮戦争やヴェトナム戦争で核兵器の使用が検討されたことはあっても実際に使用されたことはない。また高まる反核運動や核兵器開発に対する規制の動きを見ても、核兵器の開発、製造、使用に対する倫理的障壁が年々高くなっているといえる。たしかに現時点では核兵器を非倫理的手段として廃絶することには成功していない。事実、核兵器の使用について一九九六年七月にハーグ国際司法裁判所が初めての判断を下した。その勧告的意見は「核兵器による威嚇・使用は国際法に一般的に違反する」とする一方で、「自衛のための極限状況では合法か違法か判断を下せない」というにとどまった。[20] 明確に「違法」との見解を示すことができなかったのである。しかし、核兵器の使用に関しては法が規制できないとはいえ、国際的な道義や倫理がその使用に対しては大きな障壁となっている。

このように大量破壊が制約され、少量破壊が求められるようになった背景のひとつには、国際社会における人権の保護という倫理の高まりがある。その倫理によって「現実の手直し」を受け開発された兵器のひとつに、爆発破壊体に代えて運動破壊体を利用したコンクリート爆弾がある。この爆弾は火薬の爆発を利用した爆発破壊体ではなく、弾頭部の炸薬に代えてコンクリートを充填し、コンクリートの落下の運動エネルギーだけで目標を破壊する運動破壊体である。運動エネルギー兵器（KEW）の一種であるコンクリート爆弾は、一九九九年一〇月に米軍が住宅地にあるイラク軍レーダー基地に対して初めて実戦使用した。米軍がコンクリート爆弾を使用した背景には、非戦闘員の保護にあった。つまり、精密に目標を破壊するレーザー誘導弾でも弾頭部分の爆発で民間人の巻き添えを避けることができないことから、民間人の死傷者を極力少なくするために、爆発しない運動破壊体のコンクリート爆弾の使用に踏み切らざるをえなかったという事情がある。

もちろん人権の保護という倫理が冷戦後新たに生まれたわけではない。武力紛争に直接加わらない市民、傷病者、捕虜などの非戦闘員の保護は、クリミア戦争の惨禍の反省から生まれた一八六四年の赤十字条約に始まる。その後、赤十字条約は数度改訂され、また一九四九年には四つの条約に集大成され、さらに一九七七年に二つの追加議定書によって補完され、現在のジュネーヴ条約あるいは国際人道法と総称されるに至ったのである。非戦闘員の保護が不十分であったことは、第一次、第二次の両大戦そしてその後の地域紛争で戦闘員よりはるかに多くの非戦闘員が犠牲になったことで明らかである。しかし、否、だからこそ非戦闘員を保護すべきであるとする倫理が年々昂まり、ジュネーブ条約が改訂、追加されていったのである。そして、その倫理的昂揚のひとつの頂点が、核兵器の倫理性を問うた前述の核兵器裁判であろう。

非戦闘員の保護という倫理が昂まる一方で、これまで倫理が十分に実践されなかったことにはいくつかの理由がある。第一は、戦闘員と非戦闘員の区別が難しいということである。絶対戦争は、前述のように「国民全体」で戦うために、厳密には戦闘員と非戦闘員の区別が困難である。たとえ直接戦闘に参加していなくても、後方で兵器生産に励んでいる国民は敵からみれば、国際法上はともかく実体としては「戦闘員」といってもよいだろう。だからこそ、第二次世界大戦では兵器工場や軍事物資の生産施設への戦略爆撃によって多数の非戦闘員が犠牲になったのである。第二は、ウォルツァーのいう「最高緊急事態（supreme emergency）」[21]あるいは前述の核兵器裁判における「自衛のための極限状況」といった緊急事態や極限状況の判断が困難なことである。一般に国家の安全保障に責任を負う国家指導者は早い段階で緊急事態や極限状況を判断する傾向にある。加えて緊急事態や極限状況を判断する功利主義的な判断基準が曖昧である。[22]その結果、緊急事態や自衛のためには非戦闘員の犠牲もやむをえないという論理が是認され、結局広島、長崎への原爆投下のように、非戦闘員が攻撃に晒されることになる。第三は、戦闘員と非戦闘員を分けて攻撃する兵器技術がなかったことである。いかに付随的犠牲を少なくしようとしても最近まで技術が伴わず、非戦闘員の巻き添えを避けることができなかった。

冷戦が終わると、紛争を抱える一部の国は例外として、多くの国では「最高緊急事態」や「自衛のための極限状況」に直面する蓋然性が著しく低下した。そして、情報技術革命によってGPS爆弾のようにさらに精度を高めた精密誘導兵器が登場すると、非戦闘員の巻き添えを避けることが技術的に可能になった。今日では非戦闘員の保護どころか戦闘員の保護すら議論されるようになってきている。例えば、国連人権諸機関は、事実上一五歳以上の子供の軍隊への徴募を認めている「子供の権利条約」の例外規定を改め、年齢を一八歳に引き上げることを検討している。[23]またアメリカをはじめ先進国を中心に、犠牲の少ない戦争を求める声は年々強まっている。

そして、このような世論を形成するのに大いに貢献しているのが、ほかでもない、コンクリート爆弾を現実化した情報技術革命である。湾岸戦争以来、戦争は同時中継で世界中に放映される時代になった。世界中の人々が同時に戦争を見ることができる。さらに戦争に対する意見をメディアやインターネットによって即時に交換することができる。こうした状況の中で戦争に対する倫理が育まれていくのである。例えば情報技術革命時代に入って、戦争で自国民の犠牲を出したくないとの強硬な世論がアメリカ国内で形成されたきっかけは、一九九三年一〇月にソマリアで国連平和強制活動に参加していた米兵が武装衝突で死傷した事件である。死亡した米兵がジープで引きずられるシーンが全米に放映されると、国連PKO活動への反発が高まり、国益とは無関係な紛争には関与すべきではないとの国内世論が一気に高まった。

ソマリアの失敗以後、国内世論に配慮してアメリカは戦争で犠牲が出ないよう極めて慎重に作戦を遂行している。例えばコソヴォ紛争では「死傷者ゼロ・ドクトリン」[24]のもと、空爆にのみ攻撃を限定した。その空爆ですら、高度数千メートルの安全地帯からの爆撃であった。その結果、NATO軍側はドクトリンどおり死傷者ゼロであった。それに対し、ユーゴ軍側の死傷者は約五千人といわれている。皮肉にも、犠牲の少ない戦争を追求した結果、あたかも機関銃が登場した時のような、一方的な殺戮の光景が再現されたのである。たしかに、精密誘導兵器の少量破壊による犠牲の少ない戦争は、従来の戦争に比べ非戦闘員の付随的犠牲はかなり低く抑えられた。その意味で付随的犠牲の極小化という倫理は実践された。しかし、湾岸戦争そしてコソヴォ紛争での「殺すことには価値を認めるが、死ぬことには価値を認めない」[25]との新たな戦争観は、「およそ戦争は拡大された決闘にほかならない」[26]とするクラウゼヴィッツの戦争観にも反する。戦闘員への攻撃に対する倫理として、クラウゼヴィッツの戦争観の基底にある騎士道の精神を再考する必要があるように思われる。

第三節　戦争の管理化

冷戦終焉後の一時期、力の衰退がささやかれた米国は、その後情報技術革命によって三つのMすなわち経済(money)、情報(media)、軍事(military)の分野で圧倒的な優位を確立し、今や米国の一極支配を確立しつつある。経済では情報技術関連産業が米国に空前の経済的繁栄をもたらし、情報では例えば米国主導のインターネットが世界中を網羅し、他国の追随を許さない。とりわけ軍事分野では情報技術革命が「軍事上の革命（ＲＭＡ）」といわれるほどの革命的な変化を引き起しつつあり、米軍と他国との軍事力の差は拡大する一方である。これら三つの分野での圧倒的な優位を背景に、米国はアジア、中東、欧州など世界中のいかなる地域でおこる戦争であれ、国益にかかわる戦争であればすべて関与し、自国の管理下に置こうとしている。

（一）「情報の傘」による一極支配

米国における情報技術革命の波は、軍事力と情報力つまりジョセフ・ナイのいうハードパワーとソフトパワーの両面において米国の一極支配を確固としたものにしつつある。支援体のC^4ISRの情報通信技術、破壊体のＧＰＳ爆弾や発射体の巡航ミサイルにおける精密誘導兵器技術あるいはＴＭＤやＮＭＤのミサイルの弾頭部分のセンサー技術など、情報技術革命に基づく最先端兵器において米国は他国を圧倒している。加えてこれらの最先端兵器を効率的に運用するための偵察衛星やスペース・シャトルなどによる情報収集は、戦術・戦略分野での米国の情報支配を磐石なものにしている。

現在米国が先端軍事技術で圧倒的な優位を保っているとはいえ、過去の兵器技術の発展の歴史、例えば核兵器をみても明らかだが、軍事技術はいずれは拡散し、優位は失われる。現在の情報技術が基本的には民生用技術が起源であることを考えれば、情報・通信技術はもちろん精密誘導技術やセンサー技術などの情報技術は、たちまちのうちに移転、拡散する。(27) だからこそ、米国は圧倒的優位を維持するために、技術分野での軍拡を進めて行かざるをえない。(28) しかしながら、現在のところコンピュータの普及率や縦横に張りめぐらされたインターネットなど米国に匹敵するほど充実した情報インフラを整えている国はない。また現在の米国ほど技術においても社会においても情報技術革命が進んでいる国はなく、また米国ほど将来に向けて情報技術に投資している国もない。また、ウィンドウズやペンティアムなどコンピュータのOSやCPUをみてもわかるように、情報技術では米国が技術開発のリーダーシップを取っているために、OSのリナックスや日本の携帯端末のような個別の情報技術はともかく情報技術総体として、少なくともここ当分の間は米国に追いつく国は出現しないだろう。

また安全保障分野での情報技術において米国が優位を占める理由をナイとオーエンはこう述べている。「米国が構築しようとしている複数のシステムのための（統合）システムは、これによって他国が脅威にさらされていると感じることがないかぎり、他国が同様のシステムを開発しようという動機をもつことはありえない」。ナイとオーエンは続けて、従って他国が米国と競争しようという動機を持つことのないよう、米国はその情報能力を選択的に他国と共有することが必要だと主張する。そのことが、「米国が連帯関係におけるリーダーとなる手段であるだけでなく、米国の軍事的優位を維持する鍵でもあるのだ」と述べている。[29] これが、「核の傘」ならぬ「情報の傘」である。

米国は冷戦時代に圧倒的な核戦力を背景に、同盟国に対して「核の傘」をさしかけて同盟国の安全を図り、同時に西側のリーダーとしての地位を不動のものにした。情報技術革命時代に入りつつある現在、米国は「核の傘」に代えて「情報の傘」をさしかけることで、他国との連帯関係を新たに形成し、米国のリーダーシップを確立しなければならないと、ナイとオーエンは主張している。「情報の傘」を彼らは、次のような能力であると説明している。

米国は、自らが望む相手と、情報のすべて、あるいはその一部を共有できるし、情報の共有を通じて、情報を得た受け手は、決して静かとはいえない世界でより優れた決定を下せるようになり、彼らが米国の代わりに介入を決意した場合には、米国同様の軍事的優位を手にできることになる。[30]

そして米国が情報提供を行うことで、米国のリーダーシップが確立できると、次のように述べている。

米国は、たまたま最強の国であるという理由からではなく、連帯・協力関係にある他の諸国が優れた決定を下し、効果的な行動をとるのに必要とされるもっとも重要な情報を提供できるという理由によってこそ、ごく自然に連帯関係のリーダーとみなされていくようになるだろう。(31)

控え目に述べているがナイとオーエンの主張は、情報を握っている国が最強の国であり、最強の国がリーダーとみなされるのは当然であるとの主張である。彼らの主張は、裏を返せば、米国をリーダーとしてみなさないような国には情報の傘を提供しないということにつながる。「情報の傘」を提供するか否かの決定権はすべて米国の意志に委ねられているのである。それは、表現はどうであれ、実態は支配である。「情報の傘」とは、結局のところ、情報による米国の一極支配にほかならない。

一方的な支配ではなく協調関係が成立するには、互恵の精神に基づき、短期的にであれ長期的にであれ、双方がともに利益を得られることが必要である。冷戦時代に米国の同盟国が「核の傘」によって安全を保障してもらう見返りは、同盟国が米国の支配下に入り、米国の政策に協調することであった。同様に「情報の傘」の見返りは、やはり米国の支配下に入り、米国の政策に同調することになるだろう。こうして情報収集能力をほとんどもたない発展途上国はもちろん、米国程に情報収集能力をもたない先進諸国も米国の情報支配の下に入り、情報を通じた米国の一極支配体制が強化されていくのである。

「情報の傘」による情報の共有だけではなく、例えばＴＭＤのような情報技術に基づくいわば情報技術兵器とでもいうべき最先端兵器システムを共有する場合には、同盟諸国が米国との協調関係、正確には米国の支配から免れることは一層困難になる。なぜなら、情報技術を通じて米国の兵器システムに組み入れられてしまうからである。実際、情報技術の中核技術はコンピュータであり、システムを統合するには自国のコンピュータのハードウェアやソフトウェアを情報技術を先導している米国のそれに合わせなければならない。それは、まるでマイクロソフトのウィンドウズが事実上の世界標準のＯＳになり、世界のコンピュータ市場を支配していった経緯と同じである。米軍の情報技術兵器は、いわば、それ全体がひとつのコンピュータ・システムである。他国が米国と情報技術兵器を共有する場合には、ソフト開発会社がマイクロソフトのウィンドウズを基本にアプリケーションソフトの開発を余儀なくされたように、米国の情報技術兵器システムに合わせてアプリケーションとしての各国の兵器システムを作る以外にない。こうして、米国と情報技術兵器を共有する国家の兵器システムが米軍の巨大な情報技術兵器システムのコンポーネントとして組み入れられ、技術的にも一層強固に米国の一極支配下に置かれることになる。[32]

（二） 孤立主義的世界大国

情報技術革命やそれに基づくＲＭＡによる米国の一極支配の強化は、米国にこれまでの戦略の見直しを迫るかもしれない。そのひとつに前方展開戦略がある。

マイケル・ヴィッカーズはＲＭＡが同盟関係にもたらす影響のひとつとして、「『目に見える』前方展開プレゼンスの価値が著しく低下していくことであろう」[33]と予測している。ヴィッカーズよりもさらに熱心なＲＭＡ支持者の中には、将来は前方展開戦力を本土に引き上げても、米本土から迅速に大陸を超えて、空戦力や宇宙戦力を展開させることができると、前方展開戦略無用論を予測する者もいる。そこまで極端ではないにしろ、一九九七年の国防委員会（ＮＤＰ：National Defense Panel）は、前方展開戦力をある程度維持しつつも、米本土からも月単位ではなく時間単位あるいは日数単位で展開可能な軍隊を構築すべきだと、前方展開戦略の見直しを提言している。[34]

他方、ＲＭＡにより前方展開戦力の必要がなくなるという主張に対し、オハンロンはＲＭＡの仮説の中で最も非現実的な議論であると述べ、次のように反論を加えている。(35) 第一に、RMA技術があったとしても、ほとんどの戦闘機の航続距離が将来も依然として短距離のままである。第二に、車輌がいかに軽量化されても依然としてかなりの重量はある。また大量の燃料や後方支援が必要である。第三に、輸送機の運搬重量には限界がある。第四に、艦船のスピードはそんなに速くはならない。

以上の反論に加えて、情報技術兵器に基づく戦術の核心である空軍の優位についても、たとえ爆撃機を米本土から発進させたとしても、敵上空での迎撃に対抗するために戦闘機や偵察機を随伴させて爆撃機を護衛しなければならない。たとえ爆撃機がB2ステルス機でレーダーに映らなくても、機体を視認できるために、昼間の作戦には護衛機が必要である。ただし、米空軍は経済性の視点から必ずしも護衛機の必要性を認めてはいない。一機千数百億円もするB2爆撃機がなぜ必要かとの問いに米空軍の幹部は、B2爆撃機はステルス機のため護衛機を伴う必要もなく、少なくとも通常の爆撃なら五〇機の編隊を組まなければ実施できないような爆撃を一機で実施できるが故に、かえって経済的であると説明している。とはいえ、依然として戦闘機や偵察機は必要であり、そのためには前線に基地が必要となる。従って、オハンロンは前方展開の必要性はここ四半世紀は変わらないとみている。

情報技術兵器がはたして前方展開戦力を不要にするか否かの議論の前提として、前方展開戦力は一体何のために必要なのかという議論をしなければならない。つまり、どのような戦争を想定するか、という問題である。

オハンロンら前方展開戦力の必要性を主張する人々は、車輌の運搬の必要性を主張していることでもわかるが、米軍が関与する戦争には地上戦闘が含まれることを想定している。たしかに湾岸戦争のように大規模な地上戦力を投入しなければならない戦争では、前方展開戦力があれば効率的に敵地上部隊に対処できるかもしれない。しかし、一方で、湾岸戦争は十分な前方展開戦力がなくても大量の兵員を前線に投入できることを実証した。たしかに地上兵力を含めて万全と思われる兵力がすべてそろうまでには、湾岸危機発生以来半年の時間が必要だった。しかしながら、湾岸戦争で米国の勝利を決定づけた航空戦力は初期の段階に短期間にサウジアラビアに投入できたのである。地上部隊がいればもっと早期に解決できたし、地上部隊が抑止力となって湾岸危機そのものも防げたかもしれない、という意味で湾岸戦争は前方展開戦力の重要性を教訓として残したといえるかもしれない。その一方で、十分に物資や兵器を事前集積し、飛行場や港を戦時に使用できるようにさえしておけば、航空戦力を短時間で投入できるため、前方展開をする必要はないという教訓をも残したといえる。つまり、少なくともオハンロンの主張するように必ずしも前方展開が必要というわけではない、ということである。

実際、コソヴォ紛争ではRMAや情報技術兵器によって前方展開の必要性がなくなるのではないかとのRMA支持派の主張を裏付けるような事態が起こった。それはB2ステルス爆撃機による「通勤爆撃」である。B2爆撃機は、米本土から発進してコソヴォを爆撃し、そのまま米本土の基地に帰還したのである。B2の例に加えて、コソヴォ紛争では地上軍は全く投入されなかった。空爆の効果を疑問視するむきもあるが、コソヴォ紛争の事例を考えると、RMAや情報技術兵器の進歩にともない今後益々前方展開戦力の必要性の有無について議論が高まるのではないか。

また前方展開戦力の議論をする場合、単なる技術論だけではなく、後に詳述するが、はたして前方展開戦力が必要となるような戦争が今後おこりうるのかという問題を議論しなければならない。たしかに冷戦時代に前方展開戦力は、ソ連を封じ込めるためには必要不可欠な戦力であった。前方展開戦力の役割はトリップ・ワイヤーとしてソ連軍の侵攻を抑止し、抑止が破れた場合には一刻も早くソ連軍の侵攻を食い止めることにあった。その意味で現在米軍が前方展開している戦力は、基本的には地上部隊による正規戦を想定した戦力である。では、米軍の前方展開戦力を必要とするような正規戦がおこる可能性はあるのだろうか。あるとすれば、それは現時点では冷戦の遺物ともいうべき朝鮮有事だけではないだろうか。その朝鮮半島でさえ、北朝鮮が湾岸戦争やコソヴォ紛争などのいわばRMA型の戦闘の教訓を学んだとするなら、旧来の地上部隊を主力にした戦争を仕掛ける蓋然性は低い。いずれにせよ、朝鮮問題が解決した後は前方展開戦略の見直しは、ＲＭＡや情報技術兵器の観点からだけではなく、そもそも前方展開戦力を必要とする戦争とは何かという問題、さらには沖縄での基地反対運動のように前方展開戦力の受け入れ国の国内問題などから、現実味を帯びてくるであろう。

もっとも、前方展開戦略の見直し問題で最も重要なのは、米軍の戦力の問題よりもむしろ米国の紛争介入の意志や安全保障に関与する意志の問題である。前方展開戦力は、米国が地域紛争や安全保障問題に介入する意志の表れである。実際、米軍の前方展開戦力が攻撃されれば、米軍は否応なく紛争に介入せざるをえない。その意味で、前方展開戦力は米軍の関与政策を裏書きするものである。しかし、ＲＭＡや情報技術兵器によって前方展開戦力の必要性が低下し、戦力を米本土に引き上げることになれば、さらに万一ＮＭＤによって米本土の防衛を飛躍的に高めることが可能になれば、米国がオハンロンのいう「孤立主義的世界大国（isolationist global power）」になる恐れがある。「米国よければすべてよし」の一国主義がＲＭＡや情報技術兵器によって強化され、米国は国益に沿わない紛争には関与しない国益中心政策をとる恐れがある。事実、一九九三年のソマリアＰＫＯでの失敗以来、米国はＰＫＯ活動には極めて消極的である。また今回の大統領選ではいずれの候補も外交問題が票につながらないと判断して、外交政策を重要公約としてとりあげていない。ＲＭＡや情報技術兵器の影響とはかかわりなく、現在すでに米国民は国際安全保障への関心を失いつつある。民間の情報技術が主導するＲＭＡや情報技術兵器の進歩は、こうした国際安全保障に対する国民の無関心を一層強固にし、米国を孤立主義的世界大国にするおそれがある。

（二）　一極支配への反発

もちろん、米国の一極支配に反発を抱く国家は今でさえ数多い。情報技術革命で後れをとりＲＭＡや情報技術兵器の開発が遅れているいわば非ＲＭＡ国家とでもいうべき中国やロシアの核大国、あるいはイラン、イラク、北朝鮮などの反米・非核・非RMA国家は強まる米国の一極支配に反発を強めている。ではRMAによって一極支配を強める米国に、非RMA国家はどのような対応策がとれるのだろうか。

まず、米国同様に情報技術革命を起こしRMA化を進める、という方策。しかし、かつてソ連が米国と核軍拡競争を行ったように、米国と情報技術兵器の軍拡競争を全面的に行える国は、中国やロシアはもちろんのことG7諸国を含めても現時点では存在しない。最大の理由は、いうまでもなく経済的理由である。ロシアはRMAの前触れともいえるSDI(戦略防衛構想)で米国と対抗できずに、結局は経済的な破綻を招いて崩壊に至った。ロシアの現在の経済力を考えると、米国と情報技術革命に基づくRMAや情報技術兵器で競う可能性は低い。実際、ロシアは戦略核兵器においてさえ米国とパリティーを維持するのが困難である。一九九七年一二月の「国家安全保障の概念」では、経済的理由から戦略核戦力を管理維持できず、英、仏、中なみの核戦力で最小限抑止を目指す戦略に転換している。また、ロシアにとって当面の安全保障上の最大の問題は米国の一極支配よりも、国内の民族紛争や東方に拡大するNATO正面の国境防備である。将来ロシアが経済的に復活する蓋然性はきわめて低い。その意味でも、ロシアが米国とRMAで競争する蓋然性は低い。

では、中国はどうか。結論からいえば、中国が現在の共産主義体制のもとで米国と同様のRMAを進めることは不可能である。なぜならRMAは情報技術革命が軍事分野に波及した革命であり、軍事のみに限定したRMAはありえないからである。現在、中国はコンピュータの活用による兵器の自動化、ステルス性の追求、無人運搬体の開発、そして本格的なC^3Iシステムの開発に力を注いでいる。部分的にはこうした兵器の近代化はできるかもしれない。しかし、米国が進めるようなRMAの実現は困難である。なぜなら、RMAは必然的に情報技術革命を伴うからである。より正確には、情報技術革命なしにはRMAは不可能だからである。そして情報技術革命の本質はすべての情報をすべての人々が共有する社会革命だということである。つまり、情報の統制を前提にした閉鎖社会の中国の共産主義体制が開放社会を前提とする、あるいは社会を開放化する情報技術革命を推進することは、事実上の共産主義体制の否定である。もし、中国が情報技術革命を進めるなら、かつてのソ連がグラスノスチによって崩壊したように(36)中国の共産主義体制も崩壊する可能性が高い。

ではRMAが困難なら、米国の一極支配に対してどのような対抗策があるのか。そのひとつは大量破壊兵器による対応である。核大国であるロシア、中国が米国と対抗する切り札は核兵器である。核兵器は情報技術兵器に比べればはるかに安価な兵器である。その上ロシアも中国も冷戦時代の遺産としていまだに数多くの核兵器を保有している。従って、ロシアや中国の対応策は、NMDやTMDのような核兵器を無効にするような米国の情報技術兵器の開発を政治的に阻止する一方、核兵器の量から質に向けた近代化を推進するのが最も現実的な戦略であろう。

これを裏付けるかのように、中国は一九九九年七月に中性子爆弾の保有を公表し、八月には米西海岸に到達するICBMの発射実験に成功した。さらに一一月には無人宇宙船の打ち上げにも成功している。このように核兵器システムの充実を図る一方で、日米のTMD計画に一貫して軍拡を煽るとの理由で反対している。一方、ロシアは米国に対抗することを事実上放棄し、これまでの米国を仮想敵とみて戦略核戦力を中心に据えた軍事ドクトリンを修正した。その一方で、ロシアは一九九九年四月にNATOが新戦略概念を採択したことに対抗して、同月「核戦力が国家安全保障と軍事力のキー・エレメントである」との考えに立ち、内乱およびNATOを脅威とみて戦術核戦力を中心に据えた核戦力増強計画を決定した。結局のところ、中国もロシアも核戦力の増強によって米国の一極支配やその同盟国に対抗しようとしている。またイラン、イラクなど他の反米・非核・非RMA国もRMAを推進する経済力はもたないがゆえに、核兵器はもちろん生物兵器、化学兵器などの大量破壊兵器によって米国の一極支配に対抗しようとするであろう。このように非RMA国家は米軍のRMAに大量破壊兵器によってしか現実的な対応策が無いために、RMA兵器に対する大量破壊兵器という非対称な軍拡が起こる恐れがある。

今ひとつの対抗策は、テロやゲリラなどの非正規戦能力の増強である。米軍がＲＭＡ化を進める社会的要因のひとつとして、国民が米兵に犠牲者が出ることに耐えられなくなりつつあることが指摘できる。自律型の無人運搬体の開発、遠隔地からのスタンドオフ攻撃の技術開発などは、戦争での死傷者ゼロを求める国民世論がある。冷戦が終焉した今、米軍の兵士の犠牲を正当化するような紛争はみあたらない。また「アメリカよければすべてよし」という一国主義的な社会風潮が強まる中、他国のために犠牲を払うことに米国民は納得しない。実際、一九九三年のソマリアでの民兵組織による襲撃で米部隊から一八人の死者が出ただけで、世論の強い反発を受けた米政府は部隊を撤収せざるをえなかった。この教訓からコソヴォ紛争では、米軍は死傷者ゼロ・ドクトリンとでもいうべきを戦略をとり、ひとりの死者さえ出すことは無かった。

米軍がもはや戦争で死者を出すことに耐えられないとするなら、逆に米軍に死者を強いるような戦争であれば、米軍に政治的に勝利する機会があるということである。そのような戦争とは、かつてのヴェトナム戦争のようなゲリラ戦、あるいは一九八三年のベイルート米海兵隊司令部爆破のようなテロ、あるいは前述のソマリアでの市街戦などのようないわゆる低強度紛争（LIC：Low Intensity Conflict）である。これらＬＩＣのいずれにおいても米軍は政治的に敗北を喫し、その後の政策を大きく変更せざるをえなかった。[37] さらに米軍は少数の犠牲者にも年々耐えられなくなりつつある。死者の数は、ヴェトナム戦争では四万数千人、ベイルートでは二百数十人、ソマリアで一八人そしてコソヴォ紛争では終に米軍の死傷数はゼロになった。

テロ、ゲリラ戦などのＬＩＣに情報技術兵器は非常に有利である。例えば、情報技術兵器のプロトタイプとでもいうべきスティンガー携帯ミサイルは、イスラム・ゲリラがアフガニスタン戦争で多用し、ソ連軍を大いに悩ませた。スティンガー以上に高性能で、スタンドオフ型携帯ミサイルがあれば、航空機には相当な脅威となるであろう。こうした兵器技術の多くは現在では民生技術として入手可能なため、非ＲＭＡ諸国でも一部の情報技術兵器は生産が可能になりつつある。非RMA諸国が米軍の情報技術兵器に正規戦で対抗できないにせよ、一部の情報技術兵器をテロやゲリラ戦で使用すれば、米軍に多数の人的犠牲を強いて国民の厭戦気分を誘い、かつてのヴェトナム戦争のように米軍を軍事的にではなく政治的に敗北させることは不可能ではない。

第四節　戦争の将来

兵器は戦争の手段である。「必要の母」ともいうべき戦争が新たな兵器を生む。例えば総力戦の必要性が最終的には核兵器という大量破壊兵器を生み出した。逆に、兵器が新たな戦争を生む。例えば機関銃が第一次世界大戦を総力戦と化す一因となった。このように兵器と戦争は相互に密接に連関しあい発展してきた。だとするなら、どのような戦争が情報技術による少量破壊の情報技術兵器を必要としているのか。逆に情報技術に基づく少量破壊の情報技術兵器はどのような戦争を生み出すのか。以下では、戦争の将来や軍事力の意義や役割について、前述のコンクリート爆弾を手がかりに考察する。

（一）　絶対戦争・制限戦争と兵器

ところで、戦争と兵器はどのように相互に連関しながら発展してきたのだろうか。まず、両者の関係を歴史的に振り返って見ることにする。

カイヨワによれば[38]、ルネッサンスから一八世紀末まで欧州における王朝諸国家間の戦争は、基本的には貴族階級同士の貴族の戦争であった。この戦争の特徴は、制限された手段で制限された目的のために「ある限られた時間・空間のなかで厳密な法にのっとって[39]」戦われた制限戦争であった。武器も限定され、火薬や銃は発明されてはいたものの、主要な武器は槍であった。その後、フランス革命によって国家は王朝国家から国民国家へと変化した。国民国家誕生に大いに寄与したのがマスケット銃である。「マスケット銃が歩兵を生み、歩兵が民主主義者を生んだ」(40)。そして、民主主義が徴兵制をもたらした。戦争の主体は貴族から国民となり、国民戦争が到来した。第〇《ゼロ》次世界大戦とでもいうべきナポレオン戦争以後戦争は国民化され、「国民全体、国の資源全体、国のエネルギー全体が、戦争のためにいつでも動員できるようになってしまった」(41)。こうして戦争は、まずは徴兵制によって「戦闘員の数が動員可能な青年男子の数に匹敵する」(42)という意味で、無制限な絶対戦争の兆しを見せ始めたのである。

国民国家は資本主義経済の発展を促し、産業革命によって近代産業技術を飛躍的に向上させた。その技術が武器をマスケット銃からライフル銃へ、そして機関銃へと進歩させた。南北戦争で初めて実戦使用された機関銃は、その後第一次世界大戦で本格的に使用され、戦争の様相を一変させた。歩兵と騎兵による突撃戦術は機関銃と鉄条網によって阻止され、塹壕戦による消耗戦となった。塹壕を突破し膠着状態を打破するために戦車、毒ガス、航空機など新たな武器が次々と開発された。戦争は文字通りあらゆる手段を用い、敵国の「国民全体、国の資源全体、国のエネルギー全体」を消耗させるまで戦う絶対戦争となった。その意味で、第一次世界大戦は産業革命の成果が戦争というかたちになって現れた、いわば産業化された戦争であった。そして第一次世界大戦をさらに徹底的に総力化、無制限化したのが第二次世界大戦である。核兵器という無制限の手段により無条件降伏という無制限の目的のために国家が「国民全体、国の資源全体、国のエネルギー全体」を挙げて全体戦争を戦ったのである。第二次世界大戦は究極の国民戦争であり総力化された全体戦争であった。

こうして第〇《ゼロ》次世界大戦から第二次世界大戦まで戦争は絶対戦争となった。それは、クラウゼヴィッツの「極度の強力行使」(43)の理論を具現化するかのように、「国民全体、国の資源全体、国のエネルギー全体」を破壊するために大量破壊の破壊体が要求されたのである。そのため兵器は、大量破壊を目指す爆発破壊体を中心に発展してきた。そして前述したように、第二次世界大戦での核兵器の登場によって爆発破壊体の発展は頂点に達し、大量破壊の歴史に幕を降ろした。一方、運搬体の発展もまた第一次世界大戦によって著しい発展を見た。蒸気機関、内燃機関の発達により戦車、戦艦、潜水艦、航空機などが開発され、戦闘空間はそれまでの地平面、水平面の二次元空間から新たに空中と海中が開拓され三次元空間へと拡大した。航空機、艦船などの運搬体の改良によって第二次世界大戦では、より高く、そしてより深くへと、さらに戦闘空間がひろがった。

そして第三次世界大戦とでもいうべき冷戦もまた絶対戦争となった。それは発射体の革命的な変化すなわち弾道ミサイルの開発によって引き起こされた。ドイツのV2号を元に米ソがそれぞれ開発した弾道ミサイルによって、戦闘空間はついに大気圏を超えて宇宙にまで広がった。究極の爆発破壊体である核弾頭を搭載した弾道ミサイルの前に地球のいかなる場所ももはや安全といえなくなった。地球全体が戦闘空間になったのである。その結果、「ある限られた時間・空間」の中で戦われた制限戦争とは異なり、核ミサイルの登場により冷戦は戦争と平和という時間も、前線と後方という空間も制限しない究極の絶対戦争となった。

その一方で冷戦は制限戦争という矛盾した側面ももっていた。第一次世界大戦以来、戦闘空間は発射体や運搬体の改良によって拡大の一途をたどった。そして弾道ミサイルや原子力潜水艦などが登場して以来、もはや地平面、水平面、空中そして宇宙にも海中にも、現実世界において新たな物理的戦闘空間は開拓されていない。ステルス化、自律化、超小型化などの運搬体の改良はあっても、新たな物理的戦闘空間を開拓するような革新的な発射体や運搬体の登場はなかった。これ以上物理的な戦闘空間は無いという意味で、冷戦時代に戦闘空間は限界を迎えたのである。加えて核兵器が相互確証破壊戦略のもとで事実上「使えない兵器」となり、実戦使用される兵器が通常兵器に限定されるなど、兵器の点でも冷戦によって戦争は限界を迎えたのである。つまり、冷戦は物理的空間という「ある限られた空間」の中で、通常兵器という限られた手段で戦われる制限戦争への道を開いたといえるだろう。

このように、国民国家の誕生以来、戦争は無制限になり大量破壊のための兵器が開発された。一方、大量破壊の兵器が戦争を無制限にしていったのである。そして究極の爆発破壊体である核兵器と究極の発射体である弾道ミサイルの出現により、逆説的に再び制限戦争の可能性が生まれたのである。

（二） コンクリート爆弾と戦争の将来

コンクリート爆弾は、冷戦によって開示された絶対戦争と制限戦争の自己矛盾的な戦争形態を止揚した兵器といえる。なぜならコンクリート爆弾は、絶対戦争を具現化した核ミサイルの技術よりもさらに高度な技術、すなわち他の軍事技術に比べ開発が遅れていた支援体における飛躍的な技術に基づいているからである。その技術こそ、前述した電脳革命であり電脳革命に基づく情報技術革命である。そして情報技術革命による支援体の技術突破が制限戦争や前述した電脳戦のような新たな戦争を生みつつある一方、低強度紛争（ＬＩＣ）や地球社会武力紛争（ＧＡＳＣ）などの冷戦後多発する紛争が支援体の技術突破に支えられたコンクリート爆弾のような少量破壊の情報技術兵器の発展を促しつつある。

支援体の技術突破は過去に一度前例がある。それは、産業革命の成果が戦場に反映された第一次世界大戦である。産業革命期の蒸気機関、内燃機関などの発明により艦船や車両が発達し、それまで馬や人力にたよっていた輸送が機械化された。輸送の機械化は兵員や物資の大量輸送そして戦場への大量投入を可能にした。輸送のみならず電信や無線さらには腕時計の発明により情報・通信の効率が飛躍的に向上し、大量投入された兵員や物資の機動的運用が可能になった。その結果、兵士の教育・訓練や物資の供給・運搬、組織やその運用などの支援体に大きな変化が生まれたのである。例えば兵士は、個人の決闘の集積が戦争であった時代とは全く異なった訓練が必要になり、軍や国家への絶対服従を教育され組織の一部として機能するよう訓練された。また大量の物資を供給するために、また国家の生産力のすべてを傾注するために国民が総動員される体制が生まれた。こうして戦争は支援体の面でも無制限化していった。この支援体のいわば機械化は、その後改良が加えられより効率的になったものの、大量供給、大量輸送、大量投入など量を追求する支援体の目的に本質的な変化のないまま、冷戦時代まで続いた。

そして現在、支援体に二度目の技術突破が訪れている。それは、産業革命に匹敵する情報技術革命によって初めて可能になった支援体のインテリジェント化あるいはスマート化である。支援体の目的は、今や量から質へと転換しつつある。例えば必要な時に必要な量の物資や兵員を供給するスマート・ロジスティックス、戦闘空間をすべて管理するバトル・マネージメント、コンクリート爆弾を可能にした情報・通信におけるC^4I、またこれまで個別の組織であった陸海空など各軍を情報、運用、作戦面で統合する「システムのシステム化」、そしてＧＰＳを使い精密誘導兵器などで武装する兵士の電脳化である。このようなインテリジェント化は支援体に大きな変化をもたらしている。例えば必要な時に必要な量を供給するコンビニのＰＯＳシステムの応用により、兵員や物資の輸送が効率化され、不必要に大量輸送したり戦場に大量投入するような無駄がなくなる。兵士もますます専門化し、戦闘のための体力よりもコンピュータを扱える知力、あるいは組織の一員としての服従性よりもむしろ個人としての判断能力が要求され、それに合わせた高度の教育・訓練体系が求められる。加えて兵器の生産においても、電脳化される兵器の多くは多品種・少量生産であり、かつてのような少品種・大量生産には有効であった総動員体制とは異なる、極めて専門化した生産体制が求められる。また第二次世界大戦までのように兵器を生産しながら戦争を戦うことも困難になる。例えば自衛隊のイージス艦一隻に相当する千数百億円もの米軍のＢ２ステルス爆撃機に象徴されるように、兵器の高額化、複雑化そして長期化によって兵器生産に財政的、時間的な余裕は無くなる。その結果、武器庫にある兵器のみで戦争を戦うことになる。

以上のようにコンクリート爆弾を可能にしたC^4Iに代表される支援体の技術突破の結果、二一世紀の戦争は、第一節で述べたように電脳空間における電脳戦となる一方、戦いのプロである騎士や傭兵により王朝の経済力が続く範囲内で戦った王朝戦争のように制限戦争になる可能性が出てきた。

ところで二一世紀には制限戦争どころか、戦争を国家間の武力紛争と定義する限り、戦争そのものが生起する蓋然性は低く、とりわけG7やEUなどに参加する先進諸国間の戦争の蓋然性は著しく低くなる[44]。

その理由のひとつは、少なくとも先進諸国間ではコンクリート爆弾を可能にしたC⁴Iに代表される支援体の技術突破の故に、もはや国家間では戦争ができない構造になってしまったことである。電脳革命や情報技術革命によって先進諸国の社会は高度に電脳化された。つまり、前述したように先進諸国の社会がインターネットという神経網とコンピュータという神経細胞によって、あたかもひとつの有機体のように結びつけられてしまったのである。冷戦後、秒進分歩で加速度的に進歩する情報技術によって社会の有機体化はさらに進み、政治、経済、社会、文化などあらゆる面において先進諸国の結びつきは深まる一方である。もはや国家間の相互依存関係というのではなく、情報技術革命によって国家が国家の枠を超えて有機体として一体化しつつある。例えば経済では単一の世界市場が形成されており、とりわけ先進諸国はこの市場から大きな利益を得ている。安全保障でも湾岸戦争やコソヴォ紛争に見られたように先進諸国をはじめ多くの国々の間に、共通の安全保障共同体に属しているとの意識が次第に高まりつつある。政治でも先進諸国の間では民主主義体制を共有している。文化においてもインターネットがネット・カルチャーとでもいうべき世界共通の文化を創造しつつある。このように一体化しつつある先進諸国は、カール・ドイッチュのいう戦争を想定できないアメリカとカナダのような「多元的安全共同体[45]」になりつつある。

では、現在もなおさまざまな対立を抱えている発展途上国間の戦争の蓋然性はどうであろうか。先進諸国間のそれより高いとはいえ、発展途上国間においてさえ戦争の蓋然性は、冷戦時代に比べれば低下しつつある。実際、発展途上地域での国家間戦争の蓋然性が高いのは、南北朝鮮、中台、印パと数えるほどしかない。アラブ・イスラエル戦争でさえイスラエルとシリアの和平交渉が行われつつある現状を見れば、もはや過去の戦争となりつつある。加えて、これらの国家間戦争が無条件降伏を目指し、国家が「国民全体、国の資源全体、国のエネルギー全体」を投入し総力を挙げて戦う絶対戦争の可能性があるのは、イデオロギー上の体制対立となっている中台、南北朝鮮間の戦争だけであろう。核戦争の可能性を否定できない印パ戦争でさえ、カシミール問題をめぐる領土紛争であり、決して相手の体制を打倒する総力戦ではない。両国にとって核兵器は通常兵器の延長線上の限定的な手段であり、さらにいえば外交上のカードとしての政治的兵器であって、冷戦時代に米ソの核兵器が相手を全滅させる無制限の手段であり抑止の手段であったのとはその役割が本質的に異なる。とはいえ、発展途上国間同士の戦争では、イラン・イラク戦争が第一次世界大戦型の塹壕戦であったように、かつて先進諸国が経験したような戦争をなぞりながら大量破壊兵器の開発がすすめられていくであろう。

また、先進諸国と発展途上国間の戦争の蓋然性はどうであろうか。湾岸戦争、コソヴォ紛争をみてもわかるように、両者の軍事力に圧倒的な差があるために、実質的には戦争にならない。つまり、先進諸国と発展途上国の間の戦争は、敵国の無条件降伏を目的とする過去の全体戦争とは異なり、先進諸国が発展途上国に対して国際法や国際社会の規範を遵守させるといった限定された目的の一種の警察行動となる蓋然性が高い。実際、冷戦後に起こったこの種の戦争を見ると、例えば湾岸戦争で多国籍軍はイラクに無条件降伏を突きつけフセイン体制の転覆を図ることは無く、クウェートからのイラク軍の撤退、大量破壊兵器の破壊、クルド難民への人権侵害の停止など国際法や規範の遵守という限定された目的を掲げた「警察行動」ともいうべき制限戦争であった。またコソヴォ紛争に対するＮＡＴＯ軍の介入でも、アルバニア系住民に対するセルビア軍の人権侵害の停止という限定された目的の制限戦争であった。このような限定された目的の制限戦争であればこそ、コンクリート爆弾のような少量破壊兵器が必要とされるのである。

このように、冷戦後の戦争の蓋然性を先進国間、発展途上国間、先進国と発展途上国の三つに分けて考えてみると、先進諸国間では戦争の可能性そのものが低く、先進諸国と発展途上国間の戦争では「警察行動」的な制限戦争となる蓋然性が高い。唯一、絶対戦争の可能性があるのは発展途上国間の戦争であるが、そのような戦争の蓋然性もまた冷戦時代に比べれば低くなっている。以上のように冷戦後の戦争として相対的に蓋然性が高いのは、先進国と発展途上国との間の「警察行動」的な制限戦争であり、そのためにこそ少量破壊兵器が必要とされるのである。コンクリート爆弾は、まさしく、「警察行動」的なアメリカとイラクの間の制限戦争が生み出した兵器である。

少量破壊兵器を必要とするのは国家間の制限戦争だけではない。冷戦後の国際テロ、麻薬組織の摘発など非国家主体に対する低強度紛争（LIC）、新しい用語を用いるなら前述した地球社会武力紛争（GASC）においても、少量破壊兵器が必要とされる。それは文字通り国際社会の治安を維持するための警察的行動であり、小規模な武装非国家主体に対応しなければならないからである。その典型的な例が、一九九八年八月にケニアとタンザニアの米大使館爆破事件への報復とテロ抑止を目的とするアメリカのアフガニスタンおよびスーダンへのトマホーク攻撃である。国家ではなく特定組織への攻撃だけに、無関係の市民を巻き添えにする付随的犠牲は絶対に避けなければならない。また交戦法規の「目的と手段との釣り合い」(proportionality) という点からも、テロに対する報復として無制限に大量報復はできない。そのためにも巡航ミサイルやGPS爆弾のような少量破壊の情報技術兵器が必要になる。

おわりに

現在の情報技術革命が戦争に大きな変化を与えているように、過去においても同様に技術が兵器体系や戦術・戦略ひいては戦争に大きな変化を与えたことが何度かある。アンドリュー・クレピネビッチは、こうした軍事分野での大きな変化をRMAととらえ、一四世紀以降およそ一〇回のRMAが起こったと、分析している。(46) それは、百年戦争（一三三七〜一四五三）の前半期の歩兵革命に始まり、後半期の火砲革命、海では一五世紀末の帆船革命、一六世紀の要塞革命および火薬革命、一八世紀のナポレオン革命、南北戦争における陸戦革命、一九世紀の海戦革命、第一次、第二次の両大戦間の機械化、航空、情報における戦間期革命、そして最後が核革命である。クレピネビッチの説が正しいとするなら、現在の情報技術革命がもたらしているRMAは歴史上第一一番目ということになる。

これらのRMAで技術の革命的変化が兵器体系や戦術・戦略のどこで起こったかを見ると次のようになる。歩兵革命は歩兵の密集隊形という戦術、火砲革命は火砲の発射体、帆船革命はガレー船から帆船への運搬体、要塞革命は築城という支援体の築城技術、火薬革命は爆発破壊体、ナポレオン革命は戦争に国民を動員した支援体の動員体制、陸戦革命は列車輸送による補給の兵站技術や電信による情報・通信技術などの支援体、海戦革命は帆船から鉄鋼蒸気船への運搬体、戦間期革命は航空機、戦車などの運搬体やドイツの電撃戦にみられる支援体の運用体制、核革命は核兵器という爆発破壊体、そして現在、情報・通信システムの情報技術で支援体に革命的変化が起きている。これらの技術上の革新が他の部位の兵器技術や戦術・戦略の変化を先導しながら、全体として兵器体系や戦術・戦略さらには戦争に大きな変化を与えたのである。

これらのRMAの結果、本論でも再三触れたように、兵器はほぼ発展の限界を迎えたのである。第一に、より強くを目指した破壊体は火薬革命そして核革命によって限界を迎えた。第二に、より速く、より遠くを目指した発射体は火砲革命そしてクレピネビッチは指摘しなかったがミサイルの登場によって限界を迎えた。第三に、より広い戦闘可能空間をめざして発展してきた運搬体は、帆船革命、海戦革命、戦間期革命そして人工衛星の登場により陸上、海上、航空はもちろん深海から大気圏外まで戦闘可能空間を広げ、物理的空間としての戦闘可能空間は限界を迎えた。第四に、より効率的に、を目指した支援体の発展も、ナポレオン革命、陸戦革命そして現在の情報技術革命により限界を迎えつつある。

兵器を身体機能の延長線上にとらえると、兵器が限界を迎えつつあることがより明確になる。実際、兵器は身体機能の延長として、身体機能を拡大・増強する道具として発達してきた。破壊体の発達の歴史は、殴るという身体機能の延長線上にある。それは、握り拳から刀、斧、槍などの白兵を経てやがて火薬を利用した銃弾、砲弾そして核兵器へと発展していった。発射体は投げるという身体機能の延長線上にある。それは槍、弓、投石器そして銃、砲、ミサイルへと発展していった。運搬体は走る、泳ぐ、跳ぶなどの身体機能の延長線上にある。それはヒト、ウマ、二輪戦車、ガレー船、帆船、鉄鋼蒸気船、戦車、航空機へと発展していった。破壊体、発射体、運搬体がすべて人間の体力とそれに基づく運動機能の延長線上に発展してきたのに比較し、支援体は見る、聞く、話す、考えるという人間の知力とそれに基づく思考機能の延長線上にある。それは、狼煙、伝令、電信、無線そしてコンピュータへと発展していった。

もし、身体機能の延長線上にある現在の兵器に発展の可能性が残されているとしたら、それは思考機能の増強と破壊体、発射体、運搬体そして支援体と個別に発展していったのをひとつの兵器として統合する技術であろう。それは具体的には、思考機能のみを残して、つまり脳以外をすべて機械に置き換えたサイボーグとなるか、あるいは脳までも人工知能に取り替え、運動、思考のすべての身体機能を機械に置き換えたロボットとなるだろう。鉄腕アトムのような人間の身体機能をすべてもった万能ロボットの登場は遠い先の話にせよ、一部分の思考機能と一部分の運動機能を組み合わせた兵器はすでに現実のものになりつつある。例えば精密誘導ミサイルは、それを思考機能と呼ぶかどうかは依然として疑わしいとはいえ、目標を認知するという思考機能と飛ぶという運動機能をあわせもった兵器である。それは、あたかもマジンガーZの腕がミサイルとなって相手を攻撃するように、いわば腕に脳を付けた単機能ロボットといえるだろう。たしかに現在の精密誘導ミサイルの知力や思考機能はいまだ不十分ではある。しかし、現在のコンピュータの秒進分歩の進歩から判断すれば、自ら目標を選定、認識し、いわば「自爆」攻撃する人工知能搭載ミサイルが遠からぬ将来登場するであろう。

結局のところ、兵器の発展とは、人間の身体機能を機械に次々と置き換え、人間の身体機能を兵器に移植していく過程であった。一方兵器を扱う兵士からみれば、兵器の発展とはその身体機能を兵器に奪われていく過程であった。例えば刀を扱うにはそれなりの体力と運動機能が必要だが、銃なら引き金を引く体力と運動機能さえあればよい。両者の体力と運動機能の差こそ、兵器に移植された、逆に兵器に奪われた人間の体力と運動機能である。こうして兵器が発展してきた結果、今では人間の身体機能がほとんどすべて機械にとって代わられようとしている。少なくとも運動機能はほぼ兵器に取って代わられ、思考機能に発展の余地が残されているのみである。しかし、その思考機能も、やがては兵器として機能するには十分なレベル、すなわち目標を選定、認識し、攻撃するに足る思考機能をもった人工知能にとって代わられるであろう。つまり、兵器の発展の限界とは、運動機能そして思考機能とともに人間の身体機能が完全に兵器に置き換わる時である。情報技術革命によりその時はもはや目前に迫っている。

兵器に人間の身体機能が移植されるにつれ、戦争の形態も規模も変化してきた。白兵の時代には傭兵が戦う王朝戦争であった。銃が登場すると国民が動員される国民国家戦争となった。そして内燃機関の発明により戦車、航空機が登場すると戦争は機械化され、核兵器の登場により戦争は冷戦化した。将来、兵器に完全に身体機能が移植され、それが戦場で使われる時、戦場から兵士の姿は消えるだろう。その時、体力に基づく運動機能によって戦われてきた従来の戦争から身体性が失われ、知力に基づく思考機能によって戦われる戦争へと変化する。それは現実空間の戦争でありながら、前述した仮想現実空間の戦争同様に一滴の血も流れない。はたして、それは戦争といえるのだろうか。

クラウゼヴィッツは「およそ戦争は拡大された決闘にほかならない」と述べた。その意味するところは、決して二つの主体が単に争うということではない。お互いが究極の価値である命をかけて対等の条件で戦うという意味である。血を流す覚悟があるが故に決闘になる。命をかけない決闘とは、フェンシングや剣道のようなスポーツもしくはチェスや将棋のようなゲームにすぎない。その意味で、現在の兵器の発展の行き着く先は、戦争のスポーツ化もしくはゲー

ム化である。人間のすべての身体機能を移植された鉄腕アトムが登場する時、世界は個人や集団間の武力紛争である
GASCはあるものの国家間戦争の無い平和の時代を迎えることになるのかもしれない。鉄腕アトムは「究極の戦士」ではなく、やはり「平和の使徒」が似つかわしい。結局のところ、情報技術革命がもたらした戦争の仮想現実化も、倫理化も、そして管理化も、鉄腕アトムがもたらす国家間戦争の無い平和の時代に向けた道程にすぎないのである。

（加藤　朗）

第五章　戦略論の将来

はじめに

二〇世紀は、政治の手段としての軍事戦略が麻痺状態に陥った時代であると考えられている。(1) 二〇世紀前半には多大な人的・物的被害を伴う二つの世界大戦が発生し、特に第一次大戦においてはドイツの政治指導が麻痺した状態で、手段であるべき軍事力が自己目的化して暴走した。二〇世紀の後半においても、核兵器や大陸間弾道ミサイルの登場などにより、戦争が勃発した場合、地球上から先進文明が消滅してしまうのではないかとの懸念がもたれるようになってきた。こうした変化により、二〇世紀末までには、政治の手段としての軍事力が有用性の低いものと認識されるようになったのである。

しかし、二一世紀を目前に控えた現在、欧米の主要国が軍事力を政治の手段として用いるケースが頻繁に見られるようになってきた。湾岸戦争、ボスニア紛争、コソヴォ紛争などは、その典型的な実例である。軍事力の意義についても、改めて問題が提起され始めている。九三年、米国のオルブライト国務長官はパウエル統合参謀本部議長に対して、「もし使うことができないというのであれば、何のために、あなたがいつも話しているその素晴らしい軍をもっておく必要があるのですか（What's the point of having this superb military you're always talking about if we can't use it?)」と述べ[2]、以後も、「軍事力による脅迫に裏付けられた外交（diplomacy backed by the threat of force)」という表現を好んで使用している[3]。こうした動きは、政治の手段としての軍事力を改めて見直そうとするものであろう。

戦略理論の枠組みは普遍的であるべきだが、同時にその時代にあわせた微調整も必要である。冷戦期における西側の戦略論の中心課題は、米ソ対立を背景とする「抑止論」であった。このため、冷戦期に、抑止に関する理論は目を見張る発展を遂げた。しかし、冷戦後の世界においては、もはや抑止は唯一最重要の課題であるとはいえない。オルブライト長官の言葉からも明らかであるように、抑止以外の要素にもより多くの関心を払うべき時代が到来したのである。冷戦後の世界において、戦略理論の枠組みは再調整の必要に迫られているといえよう。本章は、こうした流れをふまえて、二一世紀の軍事力がいかなる意義をもつものかをよりよく考究するための理論的枠組みを提示しようとするものである。

第一節　戦略理論について

（一）　戦略理論の意義

では、何故こうした理論や枠組みが必要なのであろうか。戦略理論の意義とは何か。以下、海軍戦略理論家であるコルベットの議論を参考にしながら説明する[4]。理論が有用である第一の理由は、それが正しい判断を下すための手がかりになることである。政治と軍事の関係や戦略の種類などについての適切な概念規定は、情勢を分析するにあたって、また政策を立案するにあたって重要な手がかりとなろう。軍事力は使い方によっては肯定的な目的に資するが、これが誤って使用された場合には、多くの人々に多大な被害をもたらすことがある。このような性格をもつ軍事力を適切に扱うために、一国の指導者にとって戦略理論は極めて有用であるといえよう。

勿論、戦略理論によって判断力や経験が不必要になるわけではない。これについてコルベットは、戦略の理論的研究が「判断力や経験の代替物としてではなく、それらを熟成させるための手段とみなされるのであれば害にはならない」と述べている。(5)

第二に、戦略についての理論的枠組みを、政治家、軍人、国民が共有することは極めて重要である。特に、西側先進諸国のような民主主義国にあっては戦略理論が不可欠である。民主主義国にあっては、政治家が軍を指揮・統制するというシビリアン・コントロールが政軍関係の原則となっているが、シビリアン・コントロールが有効に機能するためには政治家と軍人が情勢認識を共有し、適切な軍事力のあり方や用法について共通の理解と表現方法をもつことが前提条件となる。政治のプロである政治家と軍事のプロである軍人は、しばしば極めて異なる思考方式をもっているものである。こうした両者が円滑に協力するためには、議論を行うための共通の土台が是非必要となる。それが戦略理論であるといえよう。

また、民主主義国にあっては、広い意味での最終決定権を国民がもっている。国民は政治家という代表者を通じて間接的に安全保障・軍事政策を形成するのである。勿論、一般国民は政治家や軍人ほど戦略問題に精通することは困難であろう。しかし、一般化された戦略理論は国民が戦略問題を一定の水準で理解するのを助けることによって、国家政策の大きい方向を決めていく上で重要な役割を果たすであろう。

戦略理論は軍の効率を向上させるという役割ももつ。二〇世紀前半のような極端な時代は終わったとはいえ、今でも軍事組織は多くの国々において、単独では最大の人員を擁する巨大な組織である。このような組織が効率よく作戦行動をとるためには、構成員が目的や手段についての基本認識を共有している必要がある。戦略理論は、こうした共通認識を醸成するのに有効な手段となるであろう。

（二）分析の枠組み

クラウゼヴィッツは、「戦争によって何を達成するべきか、あるいは戦争をどのように戦うかを明確にしないまま戦争を始める者はいない――あるいは合理的な感覚をもつ者はそうすべきではない」と述べた。(6) 本章では、政治と軍事の関係を説明するための理論的枠組みとして、「政治目的」「軍事戦略」「ターゲティング戦略」という三つの概念を提示し、検討する。ここでいう政治目的とは、「軍事力によって達成することが期待され、各国の政府によって規定される目的」であり、軍事戦略とは、「政治目的を達成するための軍事力の使用形態」であり、ターゲティング戦略とは、「軍事戦略を実行に移すにあたって、どのように軍事力を行使するかという方法論」である。

第一章で、戦争は「政府」「軍」「国民」「技術」「時代精神」という五つの要素から構成されるという指摘があったが、これらの要素を本章で提示する枠組みに当てはめると次のようになる。つまり、政治目的を設定するのは主に「政府」の役割であり、軍事戦略を選択するのは「政府」と「軍」の共同作業となる。そして、ターゲティング戦略を定めるのは主に「軍」であるが、ここにおいて「技術」や「国民」という要素が重要な決定要因となろう。また、「国民」は「軍」に対する資源の提供者として、民主国家にあっては「政府」に対する支持者、批判者として重要な役割を果たす。五つ目の要素である「時代精神」は、政治目的、軍事戦略、ターゲティング戦略の設定や実行に全般的影響を与えることになろう。特に、時代精神を体現する国際法や国際機関の役割は重要である。政治目的や軍事戦略の正統性は、慣習国際法、国連憲章などに基づく国連安全保障理事会や国連総会の判断、あるいはより広く国際社会の政治・道義上の判断によって規定される。一方、ターゲティング戦略の妥当性や合法性は武力紛争に適用される国際法（戦時国際法、戦争法、武力紛争法または国際人道法）がその評価基準となる。

なお、政治目的、軍事戦略、ターゲティング戦略という三つの要素は重要性において上下関係にあるが、これらの要素が相互に作用しあって、政策上の機会を生み出すと同時に、その限界を定めているのもまた事実である。つまり、基本的には、政治目的が軍事戦略を規定し、軍事戦略がターゲティング戦略を規定するが、同時に、使用可能な軍事戦略のオプションが達成可能な政治目的を制約するし、ターゲティング上の制約が、とりうる軍事戦略のオプションを限定するのである。

第二節　政治目的について

軍事力の意義を分析するときにまず考えるべきことは、軍事力によってどのような政治目的の達成が図られるのかということである。[7] 軍事力使用の背景となる政治目的は多様である。極端ないい方をすれば、その種類は無数にある。勿論、時代ごとに特徴的な政治目的——例えばバランス・オブ・パワーの維持、領土併合や国家統合、封じ込め、人権の保護——は存在するが、それとて詳細にみれば事例ごとに極めて多様な特徴をもっている。つまり、政治目的そのものやその妥当性についてはこれを戦略理論の対象範囲外におき、ここではもっぱら政治と軍事に関する一般的な理論的枠組みを提示することを主要目的とするということである。[8]

しかし、こうした前提に立つからといって全く政治目的を無視することはできない。時代とともに移り変わる戦略環境を正確に理解し、意味のある分析を行うためには、ある程度の基本的な分類は必要であろう。そこで、ここでは軍事力によって達成されうる政治目的を二段階に分けて分類する（表1）。

第一に、政治目的を「敵対的目的（adversarial objective）」と「協力的目的（cooperative objective）」の二つに大きく分ける。[9] 軍事問題を考えるときに一般的に対象となるのが敵対的目的である。他国領土の占領、資源の奪取、外交

表1　軍事力によって達成される政治目的の分類および実例

対象国の意図との関係＼目的の指向性	積　極　的	消　極　的
敵　対　的	敵対民族や異教徒の殲滅、他国領土や資源の奪取、対象国の国内制度の変更、非人道的行為の中止、外交交渉における優位の確保、「巻き返し」	領域の防衛、敵からの自国・友好国に対する攻撃の防止、「封じ込め」
協　力　的	友好国の参戦、同盟国の獲得、対象国における民主主義の振興	友好国による武力行使や大量破壊兵器保有の阻止、同盟国の対立陣営へのバンドワゴン阻止

交渉における優位の確保などがこれに含まれる。また、このカテゴリーには、敵からの攻撃の防止や敵の攻撃からの自国防衛なども含まれる。次に、協力的目的であるが、具体的には、同盟関係の維持・強化、友好国による武力行使や大量破壊兵器保有の阻止などが挙げられる。ここで、気をつけるべきことは、「対象国が大量破壊兵器を保有しようとするのをやめさせる」という目的が敵対的なものか協力的なものかを判断する基準は対象国の意図にあるという点である。つまり、対象国が大量破壊兵器を保有することを強く望んでいる状況でこれをやめさせようとする行為は敵対的行為であるが、対象国が本来であれば望まないが、防衛上の必要などでやむなく大量破壊兵器を保有しようとしている場合に、軍事的な保証を与えるなどの方法でこれを阻止したとすれば、この行為は協力的なものとみなされるべきである。

第二に、政治目的を「積極的目的（active objective）」と「消極的目的（passive objective）」に分類する。積極的目的とは現状変革を目指すものを指し、消極的目的とは現状維持を指向するものを指す。このように政治目的を分類することによって、大きく四種類のカテゴリーが生まれる。つまり、①積極的かつ敵対的目的、②消極的かつ敵対的目的、③積極的かつ協力的目的、④消極的かつ協力的目的である。

勿論、これら四つのカテゴリーに明確に分類できない政治目的も存在する。例えば、「バランス・オブ・パワーの維持」という目的には、国際関係の安定という協力的な側面とともに、力の均衡という敵対的な側面の両方がある。そして、バランス・オブ・パワーには、「均衡状態を維持する」という消極的な意味とともに、軍事力を行使してでも「崩れそうな均衡を維持する、あるいは崩れた均衡を回復する」という積極的意味もある。(10) 冷戦終焉直後に提唱された「新世界秩序（New World Order）」の形成についても同様のことがいえよう。これは新しい秩序と安定を生み出すという協力的側面とともに、それに反対する勢力を圧迫するという敵対的な側面ももっていた。また、「他国の内政への影響力行使」といった目的は、対象国の民主主義を成熟させる協力的なものもあるが、逆に同国の主権を侵害するという敵対的なものでもありうる。従って、ここでの分類は絶対的なものとしてではなく、飽くまでも分析のために有用な一般的な分類と認識されるべきである。

なお、一般的に、政治目的を達成するためには、外交や経済援助、あるいは経済制裁などの非軍事手段も有効であることはいうまでもない。(11) ただ、本章の目的は軍事力の意義を分析することであるため、他の手段についての分析は行わない。また、本章では軍事力の最も本質的目的である「他国に対する影響力行使」を主たる議論の対象とし、軍事力の国内政治上の用途などは分析の対象から除外することとする。

第三節　軍事戦略について

（一）　手段としての軍事力の位置づけ

二者以上のアクターが存在する状況で、アクター間に利害や意見の対立が発生するのは自然なことである。そして、利害や意見の対立を解決するために、強制力を含む手段や、そうでないものなど多種多様の手段が用いられる。ここ

図1　支配・強制・合意と物理的な力の重要度

	支配	強制	合意
	●――軍事力の作用する範囲――○		
物理的な力の重要度	高		低

では、政治目的を達成するための手段である物理的強制力（=軍事力）の位置づけを明らかにしていきたい（図1）。

二者以上のアクター間の利害対立を解決する手段としては大きく、「支配（control）」による解決、「強制（coercion）」による解決、「合意（consent）」による解決がありうる。[12] ここでいう支配と合意は、それぞれ物理的力のみによる解決方法と物理的力の使用を全く伴わない解決方法であり、政治目的の実現にあたっての物理的力の重要性の高低を示す軸の両極端に位置する。そして、この中間にグラデーション状に存在するのが強制である[13]（軍事力の作用する範囲は「支配」の極は含むが、「合意」の極は含まない）。

ところで、しばしば戦争は物理的な力のみによって決着すると考えられる傾向があるが、これは誤りであり、ほとんどの軍事力使用の形態は支配と合意の間のどこかに位置づけられるものである。例えば、後述する強要や抑止は、定義上、常に支配と合意の間に位置する強制に基づく戦略である。[14] 強要や抑止は武力の直接的行使を伴わないものであり、対象国の認識に働きかける戦略である。これらの戦略が成功するためには、「自国と敵国の利害が完全に対立していてはならない」のであり、武力による威嚇を伴うとはいえ、両者はどこかで妥協点を見つけることができる環境が存在していなければならない。[15]

これに対して、軍事力の直接行使は、多くの場合、支配と合意の間に位置するとはいえ、しばしば強要や抑止よりも支配に近いところに位置し、領土などの物理的対象が政治目的になっている場合などには、その武力行使は支配の極の近くに位置づけられる。しかし、ここで注意しなければならない点は、軍事力が敵対的な目的で直接行使される場合にあっても、必ずしも完全な支配によって戦争が決着するわけではなく、多くの場合には対象国の戦略上の計算に影響を与える強制によって戦争が決着するという事実である。本書の第一章で指摘されているとおり、戦争は和平交渉のテーブルで決着を見るのであり、戦場での軍事的勝利は目的を達成するための政治的機会を提供するにすぎないのである。[16]例えば「降伏」とは、しばしば自国の軍が完全に無力化されてしまう前に不利に立たされた側が自主的にとる行為である。領土の占領を目的とする戦争においても、被占領側が完全に領土を占領される前に降伏し、領土を明け渡した場合には、支配ではなく強制によって政治目的が達成されたことになる。逆にいえば、被侵略国が領土を奪い返すことを少なくとも当面は放棄するという（つまり降伏あるいは休戦するという）決定をしない限り、侵略国が領土を完全に確保した後も交戦状態は継続するのである。ただ、部分的な領土の獲得が目的であれば、侵略国が対象となる領土の支配を被侵略国に対して拒否しつづけることに成功しさえすれば、たとえ戦争が継続していたとしても侵略国の政治目的は達成されたことになる。この場合は、戦争の推移に関係なく、純粋に支配を通じた問題解決がなされたといえるであろう。敵が領土を放棄しない状況の中で領土を物理的に奪い取るような場合には政治目的と軍事目的が一体化し、完全な支配による問題の解決がなされることになる。また、純粋に物理的支配のみによってしか達成することができない政治目的もある。民族殲滅はその好例であろう。

抽象的な説明だけでは分かりにくいので、これらの問題について、いくつか実例を挙げておこう。例えば、九〇年のイラクによるクウェート侵攻は、イラクが軍事力の直接的行使を通じて、クウェートに対するほぼ完全な支配を確立することによってその目的を達成した例である。イラク軍は短時間でクウェート軍を無力化し、クウェート全土を占領して物理的な支配を確立した。その上、クウェート王家が国外に脱出したため、クウェートの国家意志を代表するメカニズムも失われた。この意味で、イラクのクウェート侵攻における軍事力行使の位置づけは、極めて支配の極に近いものであったといえよう。

一方、コソヴォをめぐる紛争は、軍事力の直接的行使による強制によって政治目的が達成された事例であった。ユーゴは北大西洋条約機構（NATO）軍側の攻撃によって軍事力をすべて破壊されて抵抗能力を喪失したわけではなく、領土を占領されたわけでもなかった。それにもかかわらず、ユーゴはNATO側の要求を受け入れたのである。これは、NATOがユーゴに対して、「NATO側の意志を受け入れない限りコストを強いるかたちで武力行使を続ける」という意志を表明し、空爆という直接的軍事力行使によってそれを裏付けることによって、NATO側の要求を受け入れるようユーゴ指導部を強制するのに成功したからである。ユーゴがNATO側の要求を受け入れたのは、最終的には自発的意志によるものであった。

テロリズムは最も合意の極に近い強制の一形態であるといえよう。暴力による脅迫を政治目的の実現のために用いるという点において、テロリズムは広い意味での軍事戦略の一種であるといえる。しかし、テロリズムが一般的な軍事戦略と大きく異なっているのは、それが対象主体を物理的に支配する手段を全く有しておらず、恐怖という心理的な手段による強制にもっぱら依存するという特徴をもっているためである。(17) また、ゲリラ戦争もこれに近い性格を有しているといえよう。

最後に、一般論としては、支配を最終的な目的とする軍事戦略の方が強制のみを目的とするものにくらべて政策の手段としての信頼性が高いことを指摘しておきたい。これは、前者が物理的な支配力に依存しているのに対し、後者は敵の認識や戦略的計算といった予測可能性の低い要素に大きく依存しているためである。しばしば、陸軍力の方が空軍力よりも決定的かつ最終的な決め手になるといわれるのはこうした理由からである。湾岸戦争において、ある程度の空爆作戦の後に速やかに陸軍力が投入されたのもこうした認識に基づくものであった。(18)

なお、協力的な目的で軍事力が使用される場合においては、その行為が協力的であるとの定義からして「支配」は存在せず、「完全な保証」が「支配」の対となる。そして、協力的軍事力の使用において「強制」と対になるものが

図2　軍事力の使用形態と戦略目的

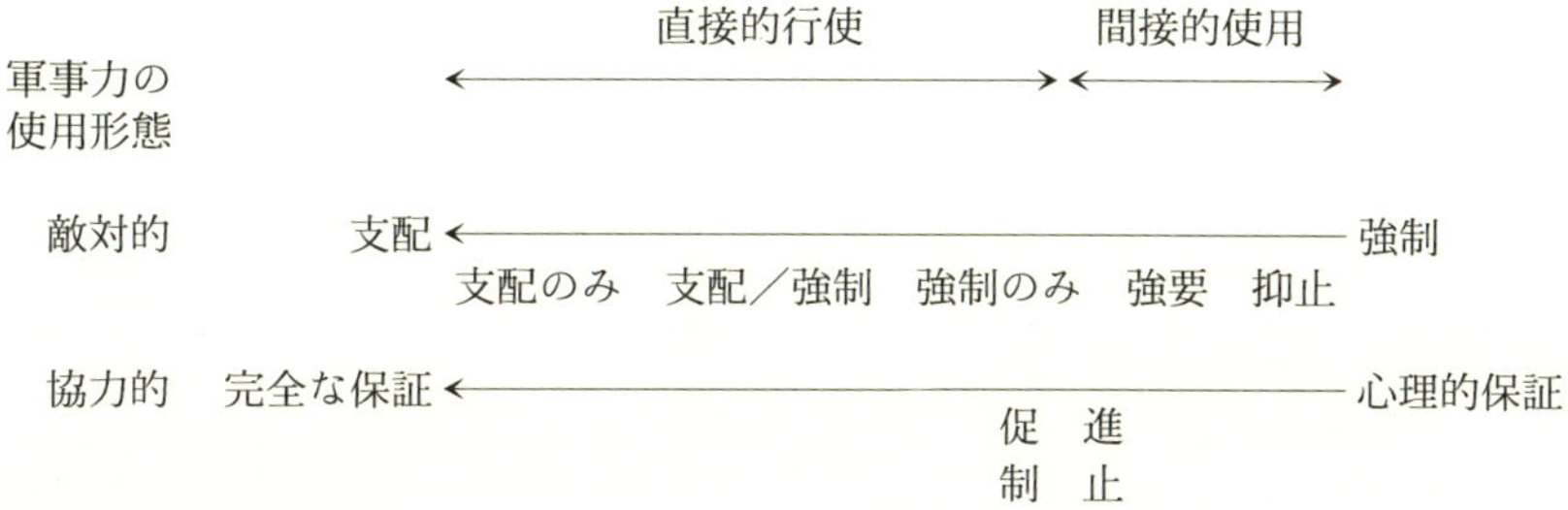

「心理的保証（reassurance）」である。これは、対象国に軍事的協力を提供することによって同国の心理や戦略的計算に働きかけ、その行動に影響を与えようとするものである。

（二）　軍事戦略の種類

さて、軍事力の使用は、基本的に「支配」「強制」あるいは「心理的保証」を目的とするものであることが明らかになったが、ここでは軍事力の使用形態、つまり軍事戦略を詳しく分類していくこととする（図2）。議論を分かりやすくするため、まず軍事力の使用形態を大きく二つに分類したい。第一は、軍事力の直接的行使（actual use of force）、あるいは軍事力の行使（use of force）である。これは対象国に対して実際に軍事力を行使することによって、物理的支配を確立し、あるいは対象国の認識や戦略上の計算に影響を与えることによって自国がもつ政治目的の達成を図ろうとするものである。第二は、軍事力の間接的使用（potential use of force）である。また、これは、敵対的なものに限っていえば、軍事力による脅迫（threat of force）とも呼ぶことができる。これは、対象国に対して実際に軍事力を行使するわけではないが、軍事力によって対象国の認識や戦略上の計算に影響を与えることによって自国がもつ政治目的の達成を図ろうとするものである。なお、軍事力の直接・間接的使用には、それぞれ敵対的なものと協力的なものが考えられる。

敵対的な軍事力の直接的行使

まず軍事力が敵対的な目的のために直接行使される場合について述べよう。軍事力の直接的行使を定義すると、「実際に軍事力を行使することによって、敵に対する物理的支配を確立するか、あるいは敵に特定の行動を強制しようとするもの」となる。本質的に、軍事力の行使あるいは戦争とは国家間の相対的なパワー（能力と意図のいずれをも含む）を評定する最終的手段であり、交戦国間に彼我の相対的パワーの評価についての相違がある場合に、その認識ギャップを解消する手段として使用される。いいかえれば、交戦国の双方、あるいはいずれかが自国の相対的パワーの評価に不満をもっている場合に戦争は発生する。そして、交戦国が彼我のパワーの評価について合意に達した時、戦争は終結し、パワー・バランスに応じて和平の条件が定められる。[19] つまり、軍事力の直接的行使は交戦双方の国力の評価についての最終的な決着をつけるために用いられる手段である。このようなかたちで用いられる軍事力行使は、「物理的支配」のみ、あるいは「物理的支配」と「支配を確立する過程で発生する強制」の両方を目的としている。そして、直接的な軍事力の行使が行われる場合、時が経つに連れて徐々に交戦双方の相対的なパワーの透明度が高まり、強制の重要性が低下するとともに、物理的支配の重要性が高まる。なお、軍事力の直接行使の中で、戦場における決定的勝利（decisive victory）で敵を無力化し、これを自国の思いのままにしてしまうことによって目的を達成しようとする戦略を「殲滅戦略（strategy of annihilation）」、決定的勝利を得るのではなく、広い意味での敵の交戦能力を奪うことによって目的を達成しようとする戦略を「消耗戦略（strategy of attrition）」と呼ぶ。[20]

さて、より詳細に見ていくと、右述したもの以外にも「強制のみ」を目的とする軍事力直接行使の形態が存在することが分かる。このような場合には、支配を確立することが全く目的となっていないため、必ずしも「時が経つに連れて徐々に交戦双方の相対的なパワーの透明性が高まり、強制の重要性が低下するとともに、物理的支配の重要性が高まる」とは限らないことになる。このような軍事力の直接的行使は、戦略的にはリスク戦略（後述）の一種であるといえ、それは「国力の評価についての最終的な決着をつける」のではなく、軍事力の行使を手段として、相手側の心理や戦略的計算に影響を与えることによって特定の政治目的を達成しようとするものである。

このような軍事力の使用は、軍事力の直接的行使の一種ではあるが、第一のものとは多少異なるものであるといえよう。そこで、ここでは前者を「支配指向の軍事力行使（control-oriented use of force）」、後者を「強制指向の軍事力行使（coercion-oriented use of force）」あるいは「例示的な軍事力行使（exemplary use of force）」と分類することとする。

それでは最後に、直接的な軍事力の行使について、いくつか実例を挙げておこう。まず、すでに述べたとおり、九〇年のイラクによるクウェート侵攻で、イラクはクウェートに対してほぼ完全な支配を確立したが、これは「支配指向の軍事力行使」が成功した例であるといえよう。最終的には多国籍軍側による一方的な停戦を迎えることになったが、米国を中心とする多国籍軍が行った「砂漠の嵐」作戦も、基本的にはイラクの軍事力を破壊する「支配指向の軍事力行使」であったといえよう。また、八九〜九〇年にかけての米国のパナマ侵攻も、最大の目標であったノリエガ将軍本人を物理的に補足することに成功した「支配指向の軍事力行使」の例であった。

一方、九六年、イラクが北部のクルド族に弾圧を加えたのに対し、米国がイラク南部の防空施設に航空機や巡航ミサイルなどによる空爆を行ったが、これは、米国の攻撃がイラクの行動を直接的に阻止しようとしたものではないことから、「強制指向の軍事力行使」あるいは「例示的な軍事力行使」であったといえよう。

なお、軍事力の直接的行使を「攻撃」と「防衛」に区別しようという理論的試みもみられる。[21] こうした区別は、国際法と照らし合わせた場合の武力行使の正統性を考える場合には有意義であろう。しかし、いったん戦争が始まれば交戦国のいずれもが攻撃と防衛という両方の行為を並行して行うため、こうした区別は消滅する。[22]

敵対的な軍事力の間接的使用

次に、軍事力の間接的使用について述べよう。敵対的な軍事力の間接的使用は、直接の武力行使を伴わないものであり、武力を背景とした脅迫のみによって目的を達成しようとするものである。つまり、これらは対象国の心理や戦略上の計算に間接的に影響を与えることのみによって目的を達成しようとするものであるといえる。そして、具体的な戦略としては、「強要（compellence）」と「抑止（deterrence）」がある。まず、強要とは、「軍事力の間接的使用を通じた強制によって、①対象国に新たな行動を起こさせる、あるいは対象国がすでにとっている行動を継続させる、②対象国によって引き起こされた状況を覆させる、あるいは対象国がとりつつある行動を中止させる」ものである。[23]ここで、①を「積極的強要（active compellence）」、②を「対処的強要（reactive compellence）」と呼ぶことができよう。[24]

積極的強要の実例としては、九三年の朝鮮半島危機における北朝鮮の行動が挙げられる。当時、核開発をめぐって国際社会からの圧力を受けていた北朝鮮は一連の軍事・外交的動きを見せた。まず同年三月、同国は全軍に準戦時状態を宣布したのに続いて核拡散防止条約（ＮＰＴ）からの脱退を宣言した。そして、五月には、非武装地帯で銃撃事件を引き起こすとともに、ノドンを含む計四発の弾道ミサイルの飛翔実験を行った。このような軍事的恫喝があった後、六月には北朝鮮が要求していた米朝直接交渉が開始された。北朝鮮の文献がこの危機を金正日による「頭脳戦」と位置づけていることからも、これら一連の動きは、北朝鮮が周辺諸国の行動に影響を与えるために軍事力の間接的使用を行ったものであったと考えられる。[25]

対処的強要が企図された例としては、九〇年一一月から始まった米国のイラクに対する軍事的圧力の強化がある。この時点から、米国はイラクに対する攻勢作戦を実施できるだけの戦力を湾岸に配備することを明らかにしながら、フセイン大統領に対して、交渉による事態の打開を要求するという強要を試みた。しかし、この対処的強要は失敗に終わり、九一年一月に多国籍軍は直接的軍事力の行使に踏み切ることになった。[26]

次に、抑止とは、「軍事力の間接的使用を通じた強制によって、対象国が好ましくない行動をとらないようにすること」である。抑止については、冷戦期に十分議論されてきた概念であるため、多くの説明は不必要であろう。なお、抑止を「軍事力によって、対象国の軍事力使用を防止するもの」とする定義もあるが、軍事力を広い意味での政治の手段として捉えるならば、目的を軍事的なものに限定すべきではない。(27)

なお、強要、抑止といった軍事力の間接的使用は、平時だけでなく戦時においても発生しうるのであり、場合によっては極めて重要な戦略的役割を果たすことを指摘しておきたい。最近の例でいえば、コソヴォ紛争におけるNATO側の地上軍投入準備はそうした効果をあげた可能性が高い。NATOはユーゴに対する空爆を続けながら、九九年五月末になると地上軍の増強を進めて、地上軍投入の可能性をほのめかした。ユーゴ側がNATOの要求を受諾したのは、こうした動きがみられ始めてまもなくのことであった。勿論、地上軍投入の準備がユーゴの政策決定にどの程度の影響を与えたかは明らかではないが、当時の状況やNATOとユーゴの動きの時間的相関関係をみると、軍事力が直接に行使されている中にあっても間接的軍事力使用による強制が効果を発揮したと考えるのが妥当であろう。(28)

また、戦時における抑止の例としては、湾岸戦争において多国籍軍側がイラク軍による生物・化学兵器の使用阻止に成功したことが挙げられる。九〇年の湾岸危機発生後、米国は数次にわたって、イラクが生物・化学兵器を使用した場合には核による報復がありうるとの黙示的警告を発した。例えば九〇年一二月、チェイニー国防長官は、化学兵器が使用された場合には、「米国の対応は極めて圧倒的かつ破壊的なものになるであろう」と述べ、九一年一月には、ブッシュ大統領が、イラクが生物・化学兵器を使用すれば、「米国民は可能な限り最も強い対応を要求するであろう」と指摘しながら、イラクとフセイン大統領が「大変な代価を払うことになろう」と警告した。(29) 勿論、こうした脅迫がどの程度の効果を挙げたかを判定することはできないが、結果として生物・化学兵器は使用されなかったのである。

最後に、軍事力の直接的行使と間接的使用の違いについて、簡単にまとめておこう。まず、前者は、武力による物理的支配を確立することによって相手側のオプションを奪うか、あるいは武力行使を通じて相手側の政治戦略上の計算に影響を与えることによって政治目的を達成しようとするものである（支配あるいは強制）。一方、後者は、軍事力による威嚇のみによって対象国の政治戦略上の計算に影響を与え、目的を達成しようとするものである（強制のみ）。一般的には、前者の方が物理的支配の作用する割合が大きく、対象国の主観的認識や計算に依存する部分が小さいという点で、後者よりも効果についての予測可能性が高く、信頼性の高い政策手段である。ただし、前者は実際に武力を行使するのであるから、一般的には後者に較べてコストの高い政策手段であるといえよう。

協力的な軍事力の直接・間接的使用

次に、協力的軍事力の使用についてであるが、協力的目的のための軍事戦略を「促進（encouragement）」と「制止（discouragement）」に分類することとしたい[30]。促進とは、「対象国に対して直接的・間接的軍事支援を行うことによって、その支援がない場合には対象国がとらないであろう行動を対象国がとるように促す」ことである。促進の目的としては、①対象国に何らかの新しい行動を起こさせる、あるいは対象国がすでにとっている行動を継続させる、②対象国が現在とっている行動に変更を加える、あるいは対象国に現在とっている行動を停止させる、という二つが考えられる。細かく名称を付けるとすれば、前者を「積極的促進（active encouragement）」、後者を「対処的促進（reactive encouragement）」と呼ぶことができよう。次に、制止とは、「対象国に対して軍事的支援を行うことによって、自国が好ましくないと考える行動を対象国がとらないように説得する」というものである。

すでに明らかであろうが、促進と制止は、それぞれ強要と抑止と対になっている。促進と制止が強要や抑止と異なるのは、それらが協力的なものであることであり、基本的性格は共通している部分が多い。ただし、強要・抑止と促進・制止が決定的に異なるのは、前者は飽くまで軍事力の間接的な使用を手段とする軍事戦略であるのに対して、後者はその手段として直接的・間接的軍事力の使用のいずれをもとりうるという点である。ただし、「協力的目的のために軍事力が直接的に行使される」という場合、この軍事力行使の対象は、協力を提供する対象国に敵対する第三国である。つまり、協力的目的のための軍事力使用については、その手段が直接的な軍事力行使であれ間接的な軍事力の使用であれ、対象国の心理・戦略上の計算を通じてその効果を発揮するのである。

促進の例としては、九九年のコソヴォ紛争時に、ＮＡＴＯによるユーゴ空爆がコソヴォ解放軍（ＫＬＡ）の戦闘活発化を促したことなどが挙げられる。ＮＡＴＯの空爆は、ユーゴに直接「強制」を行うだけでなく、ＫＬＡに対する「促進」効果ももっていたのである。

湾岸戦争の時、米国がイスラエルにペトリオット対空ミサイルを配備し、イラクから飛来するスカッド・ミサイルの迎撃を行った最大の目的は、イスラエルがイラクに対して直接報復攻撃を行うのを「制止」するところにあった。イラクは九一年一月一八日以降、断続的にイスラエルに対するミサイル攻撃を行ったが、その目的はイスラエルを戦争に引きずり込むことによってアラブ諸国を含む多国籍軍を内部分裂させることにあった。実際、イスラエル国内、そして政府内部ではイラクに報復攻撃を行うべきであるとの声もあり、そのための作戦計画も準備されていた。しかし、米国から搬入されたペトリオットがスカッドの迎撃に効果をあげていると認識されたことで、イスラエル国民の間に安心感が広がり、イラクに対するイスラエルの反撃は制止されたのである。戦争が終わったあとに、しばしばペトリオットはスカッドの撃墜に失敗しており、その軍事的効果は限定的であったことが判明した。しかし、より重要なのはペトリオットがイスラエルの報復を制止するという政治目的を達成したことであった。

平和維持活動（ＰＫＯ）の基本任務は、紛争当事者間に成立した停戦を維持し、緩衝地帯の設定などを通じて武力衝突の再開を防止しようとするものである。平和維持軍（ＰＫＦ）の構成員は軽武装であり、自衛の目的でしか武力を使用することはできない。このようにＰＫＯは基本的に協力的なものであり、停戦を維持し、武力衝突の再開を防止するなど、協力的な促進・制止機能を果たしているということができよう。

友好国に対して敵対的目的が適用されることは極めて稀であるが、敵対国に対する協力的目的の適用はしばしばみられる。その典型的な例は、バンドワゴン（bandwagoning）の誘発であろう。バンドワゴンとは、弱小な国家が自国の安全を確保するために強大な敵対国、あるいは潜在的敵対国と同盟や提携関係を結ぶことである。敵対している小国に対して、大国が、自国の勢力圏に入ることと引き替えに安全を保障するという提案をした場合、その提案が軍事力によって担保されているのであれば、敵対国に対して軍事力が協力的目的で使用されたということができる。

最後に、協力的戦略の実施が長期的には敵対的な戦略を使用するための基礎になる可能性について触れておこう。例えば、長年にわたって拡大抑止力を提供してきた同盟国に対して、拡大抑止力の提供中止をちらつかせながら強要あるいは抑止を行おうとする場合が理論的にはありうる。こうした行為は敵対的強制であるが、こうした強制を実行するためには、まず協力的軍事戦略の適用が先行している必要がある。逆に、敵対的軍事戦略は長期的には協力的戦略を遂行するための基盤になりうる。例えば、長年にわたって核攻撃の目標としてきた国家に対して、同国を核攻撃の目標から外すとの提案を行いながら促進あるいは制止を行おうとする場合がありうる。こうした行為は積極的かつ協力的なものであるが、敵対的軍事戦略の使用が先行していて初めて可能になるものである。

（二） リスク戦略

クラウゼヴィッツは、戦争を理解する上で忘れてはならない要素として「摩擦（friction）」「戦争の霧（fog of war）」「偶然の要素（chance）」などを挙げるとともに、戦争における「情報（intelligence）」がいかに不確実なものかを強調している。武力の使用には多くの不確実性が伴うものであり、実際に戦争が発生した場合、それがどのような結果を生み出すかを正確に判断することはほとんど不可能に近い。そして、戦争が複数の自由意志をもつ実践主体の間に発生する現象であることは、その複雑性・不確実性に拍車をかけている。

一般に、不確実性は政治・戦略上の計算を複雑にする否定的な要素であり、こうした不確実性をできる限り取り除くことが好ましいと考えられがちである。しかし、逆に不確実性を操作する（manipulate）ことによって、これを戦略に奉仕させることも可能なのであり、現実にこうした不確実性の操作が軍事戦略の一部として頻繁に利用されている。こうした戦略を「リスク戦略」と呼ぶことにしよう。リスク戦略は、「①ある事象が発生する可能性や不確実性を意図的に操作することによって、あるいは、②ある事象が発生する蓋然性を制御できないという所与の不確実性を利用することによって、自国に有利な戦略環境を醸成すること」と定義することができる。この二つの違いは、前者においてはリスクが意図的に操作される（積極的リスク戦略）のに対して、後者においては所与のリスクが意図的に利用される（消極的リスク戦略）という点である。通常、戦略理論は研究対象となるアクターが合理的に行動することを前提としている。しかし、リスク戦略は合理性の喪失を手段とするものであるという点で戦略理論の中にあってユニークな存在である。

さて、リスク戦略を詳しく説明する前に、前述した軍事戦略とリスク戦略の関係について述べておこう。一般的にいえば、リスク戦略は強要、抑止、促進、制止においては極めて重要な役割を果たすのに対し、敵対的な軍事力の直接行使においては一定の役割を果たしはするものの、その重要性は高くない。その理由は次の通りである。すでに述べたとおり、戦争は国家間の相対的なパワーを評定する最終的手段であり、交戦国間に彼我の相対的パワーの評価についての相違がある場合に、その認識のギャップを解決する手段として使用される手段である。つまり、軍事力の直接的使用は交戦双方の国力の評価についての最終的な決着をつけるための手段であるため、本質的に双方の物理的能力に関する不確実性・不透明性の除去を目的とすることとなる。従って、直接の軍事力行使が継続する限り、不確実性を利用するリスク戦略が作用する範囲が徐々に縮小していくことになるのである。

一般に、一国の軍事政策を評価する場合には、その能力（capability）と意図（intention）を検討するべきであるといわれる。つまり、いくら強大な軍事力を保有していても、それが使用される可能性が全くないのであれば、その軍事力はあってないがごとしである。しかし、実際には、これに加え不確実性（uncertainty）のレベルを重要な要素として加えなければならない。何故なら、いくら相手の能力と意図を算定するといっても、そこには一定程度の不確実性が常に存在するからである。いくら相手の軍事力を精密に分析しても数量化できない要素や目に見えない要素が多く存在するため、これを一〇〇％正確に評価することは不可能である。相手側の意図についても同様のことがいえよう。相手国の宣言政策や軍事力の組成などから、ある程度はその意図を判断することができるが、これとて完全とはいえない。そして、ある意味では、将来、自国がどのような政策をとり、特に戦時や危機時のような極限状態においてどのような行動をとるかでさえ予測できない部分が存在するのである。リスク戦略は、こうした現実の中で利用され作用する。

それではまず、リスク戦略の第一のもの、つまり積極的リスク戦略について述べよう。このリスク戦略は、「ある事象が発生する可能性や不確実性を意図的に操作することによって、自国に有利な戦略環境を醸成するもの」である。この戦略は、自国が発している強要・抑止、あるいは促進・制止の信頼性を向上させるために、しばしば使用される。リスク戦略を用いた強要の典型が、瀬戸際政策（brinksmanship）である。瀬戸際政策は、「戦争が発生する可能性を高めることによって、自国の交渉上の立場を有利にしようとする行為」と定義することができるが、これは意図的にリスクを操作することによって、相手国に自国の意志を強要することを目的とするものである。[31] 瀬戸際政策の危険性は、これを行使している国家は「リスクを合理的に操作している」と考えているとしても、できる限り強要を効果的なものにしようとするならば、自国のコントロールが及ばなくなる領域に限りなく近いところまでリスクの水準を引き上げることを余儀なくされる点である。このため、効果の高い瀬戸際政策は潜在的危険性も高いということになる。[32]

軍事力による示威行為が強要、抑止、促進、制止の手段として用いられることがあるが、これもリスク戦略の一種である。このような「武力の誇示（show of force ; demonstration of force）」[33]は、武力衝突が発生する可能性などについての対象国の認識に影響を与えることによって、強要、抑止、促進、制止の効果を高めようとするリスク戦略である。[34]九六年に中国が台湾に向かって行なったミサイル実験や九八年の北朝鮮による日本上空に向けてのミサイル発射はこの典型的な例である。また、台湾海峡危機時に、米国が空母を含む米海軍艦隊および航空機を同海峡に派遣したのも、リスク戦略を用いて中国に強要・抑止を行おうとするものであった。[35]

北朝鮮のような国々は、これらに加えてリスク戦略の一種である、いわゆる「狂人理論（madman theory）」を利用していると考えられる。これは、「諸外国が自国を非合理的かつ危険な国家であるとみるように仕向けることによって、これら諸国を受け身の立場に立たせ、自国が優位に立てるようにする」というリスク戦略である。[36]狂人理論は、自らを非合理的なアクターであると対象国に考えさせることによって強要、抑止などの効果を高めようとするものである。

また、北朝鮮などの国々が自国の軍事力の秘密性を維持しようとするのも一種のリスク戦略である。つまり、これらの国々は自国の軍事力の正確な評価が困難な（不透明な）状態を創り出すことによって不確実性のレベルを高め、相手側の認識を操作する余地を拡大しようとしているのである。**図3**のように、軍事力の透明性が高い場合に比べ、透明性が低い場合の方が（A＋B）の分だけリスク操作の余地が広がるのである。

抑止を目的としたリスク戦略としては「トリップワイヤー（tripwire）」がある。トリップワイヤーの例としては、冷戦期にドイツに配備されていた米地上軍や、今でも韓国ソウルの北方に配備されている米地上軍などがある。これらの地上軍の重要な目的は、ソ連や北朝鮮の侵略があった場合に米軍が直接攻撃を受け、多数の米兵が死傷することを確実にすることによって、米国の介入の「自動性（automaticity）」を保証することにある。[37]これは、侵略を受けた

図3　透明性の高さと軍事力評価の誤差

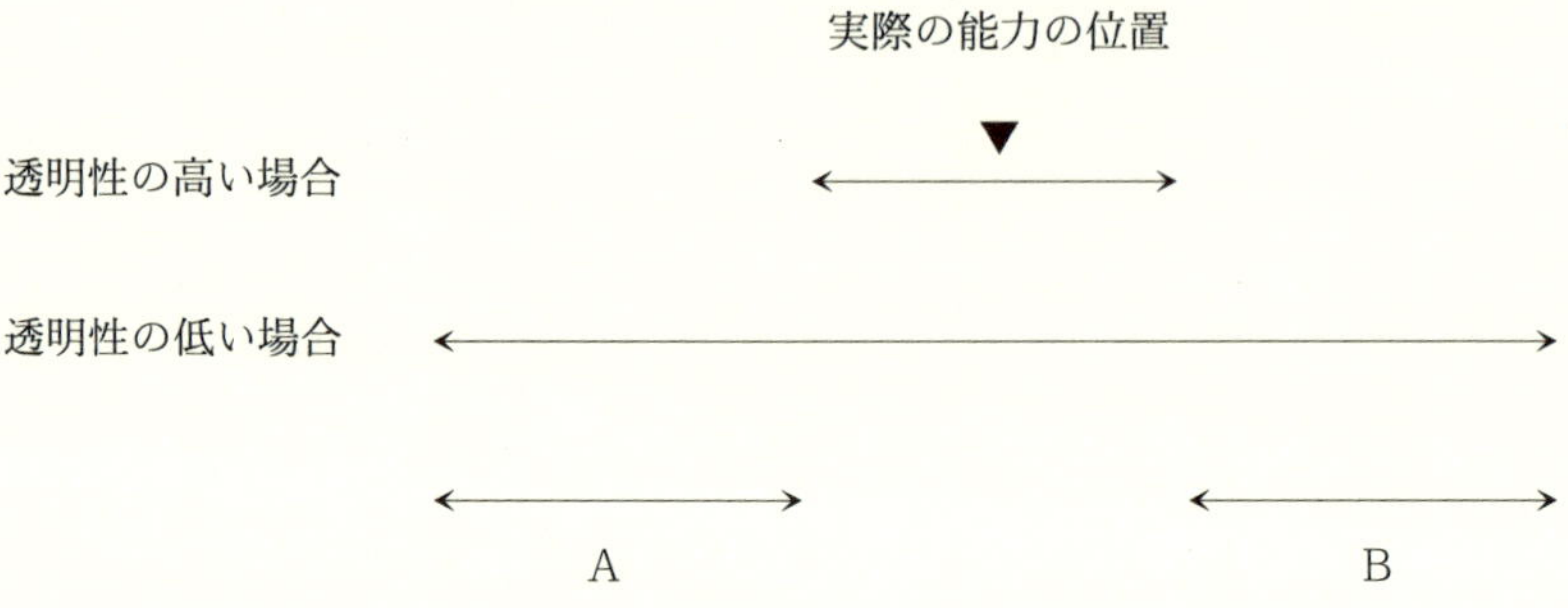

場合に米国が介入する蓋然性を意図的に上昇させることによって、抑止の信頼性を向上させようとするリスク戦略である。

冷戦期にシェリングが提唱した、「偶然の要素を残す脅迫（a threat that leaves something to chance）」も、核抑止の信頼性を向上させるためのリスク戦略であった。シェリングは、ソ連の核攻撃に対して米国が核による報復を行うかどうかを決定するメカニズムに意図的に「偶然」の要素をすべり込ませることによって、ソ連が核攻撃を行った場合に米国が意図するとせざるとにかかわらず全面戦争が発生するというリスクを発生させることができるとした。彼は、こうすることによって、ソ連が「合理的な計算」のもとに米国に先制攻撃を行う危険を減少させようとしたのである。[38] つまり、シェリングは「不確実性を意図的に操作することによって、自国に有利な戦略環境を醸成する」ことを提唱したのである。また、ルトワックによると、冷戦期においてNATO諸国がワルシャワ条約機構からの攻撃に対処するのに十分な通常戦力を保有していなかったことは、抑止崩壊時にNATO側が核を使用する蓋然性を高め、結果として抑止の信頼性を向上させるというリスク戦略の側面をもっていた。[39]

次に、第二の消極的リスク戦略、つまり、「所与の不確実性を利用して、自国に有利な戦略環境を醸成する」ものについて述べよう。この戦略の特徴は、利用される不確実性が意図的に生み出されたものではなく、何らかの外的な要因によって醸成され、あるいは存在しているという点である。これについてシェリングは、「この不確実な要素は、脅迫を行っている主体のコントロールの及ぶ範囲の外に存在していなければならない。『偶然』、事故、第三者の影響、政策決定機構の欠陥、あるいは我々が完全に理解できないなんらかのプロセスなどの表現があろうが、これをどう呼ぶかは別として、これは我々自身、そして我々が脅そうとしている相手のいずれもが完全にコントロールすることのできない実在の要素なのである」と述べている。(40) このタイプのリスク戦略はしばしば、意図とは関係なく存在している不安定性や不確実性を声明などを通じて強調するという方法によって実行される。この戦略の中には、リスク戦略の実行者が自らの合理性の欠如を利用するというものさえある。ここで、このアクターは自らが非合理的であるという点を合理的に利用するという点で、このタイプのリスク戦略は、極めてパラドキシカルなものであるといえる。

(四)　直接的効果と一般的効果

次に、抑止と制止については、その効果を「直接的効果（immediate effect）」と「一般的効果（general effect）」の二つに分けることができることを指摘しておきたい。直接的効果とは、「ある軍事力使用について、その目的が明確にされているか少なくとも示唆されているとともに、軍事力の使用と政治的効果の間に比較的明確な因果関係が認められるもの」である。一方、一般的効果とは、「目的が明確に宣言されていない上、明示的な軍事行動も伴わない状態で軍事力の保有が発揮する効果であり、軍事力の存在と政治的効果の間に不明確ではあるが何らかの因果関係があるもの」を指す。(41)

冷戦期における抑止戦略についての議論でも、このような分類が行われていた。具体的には、抑止戦略を「直接的抑止（immediate deterrence）」と「一般的抑止（general deterrence）」に分類するものである。しかし、残念ながら冷戦期の議論には協力的政治目的のための軍事戦略を明確に定義しようとする努力が欠けており、制止については本格的な議論が行われなかった。本章ではこうした冷戦期の戦略論の欠陥を補うために制止という概念を提示したわけであるが、抑止戦略と同様に制止戦略についても直接的制止と一般的制止に分類することができよう。

一般的制止の典型的な例は、友好国に対する心理的保証の提供を通じた核やミサイル拡散の防止である。米国は、日本や韓国といった友好国が核兵器や長距離ミサイルを保有しないことを重要な政策目標としているが、米国の軍事的コミットメント、特に拡大抑止力の提供はこれら諸国に心理的保証を与えることによって、これらの諸国が攻撃的な兵器を保有しようとするインセンティブを低下させることに成功している。また、より広い意味での制止の例としては、同盟国が同盟から離脱するのを防止することが挙げられる。米国がNATO諸国や日本に対して軍事的協力を提供している理由のひとつには、それら諸国が米国に敵対する陣営に寝返ることを防ぐという意味があるといえよう。

勿論、現実に直接的効果と一般的効果を明確に区別することは難しいし、一般的効果については、その有効性を証明することが困難である。また、直接的効果についても、軍事力を背景とした抑止や制止が、どの程度対象国の政策決定に影響を与えているかを判断するのは容易ではない。よくいわれるように、抑止が失敗した場合には「抑止が十分作用しなかった」と判断することが可能であるが、抑止が成功している限り、抑止力が対象国にどの程度の影響を与えているかを判定するのは困難である。しかし、諸般の状況から、ある程度の判断は可能であり、これらを判断する努力を行うことは無意味ではないだろう。(42)

なお、一般的強要、一般的促進という軍事力の効果も証明は困難であるとはいえ、理論的には存在するといえよう。例えば、米国の戦略防衛構想（ＳＤＩ）や中距離核戦力（ＩＮＦ）の欧州配備がソ連の行動に影響を与え、それが、ソ連が軍備管理交渉に応じ、米ソ和解に踏み切る原因のひとつになったという説がある。これは現在のところ証明されていない説ではあるが、理論的には成り立ちえない説明ではない。もし、この説が正しく、ＳＤＩやＩＮＦがソ連の行動に広い意味での変化を与えたのであれば、これは軍事力が一般的な強要効果をあげた例であるといえよう。

一般的促進の例としては、米国の日韓関係緊密化への支援が挙げられる。主に歴史的な理由によって日韓関係は複雑な問題を抱えており、相互の不信感は根強いものがある。しかし、米国による「心理的保証」の提供によって、日韓両国は相手側に対する警戒心を解き、関係緊密化を進めることができた。日本と韓国における米軍のプレゼンスは日韓関係緊密化を「促進」したのである。(43) また、米国防省の『東アジア戦略報告一九九八』は、アジアにおける米軍のプレゼンスが地域諸国に安全な地域環境を提供することによって、地域における民主化を促進していると述べている。(44) このような極めて広い意味での効果を測定することは不可能であるが、軍事力の協力的な役割のひとつとして興味深いものであるといえよう。

第四節　ターゲティング戦略について

（一）　軍事目標の分類

次に、軍事力を使用するにあたって、具体的に何をその対象とするかという軍事目標選定「ターゲティング（targeting）」の問題について述べる。政治目的と同様、軍事目標も現実には無数存在するのであって、ひとつひとつ具体的に例示するのは不可能である上、理論的にも不毛である。そこで、ここでは理論的に有用な軍事目標の分類として、「軍（armed forces）」、「国民（people）」、「政府（government）」の三つを提示したい。この三要素はクラウゼヴィッツの「三位一体（trinity）」に対応するものであり、すべて自由意志をもつ実践主体である。これらは現在から見通しうる将来において武力を伴う対立の帰趨を決定づける主要因であり続けると考えられ、現代における軍事力の意義を理解する上でも、こうした分類は極めて有用である。

図４　三つの戦略の理論的な位置関係

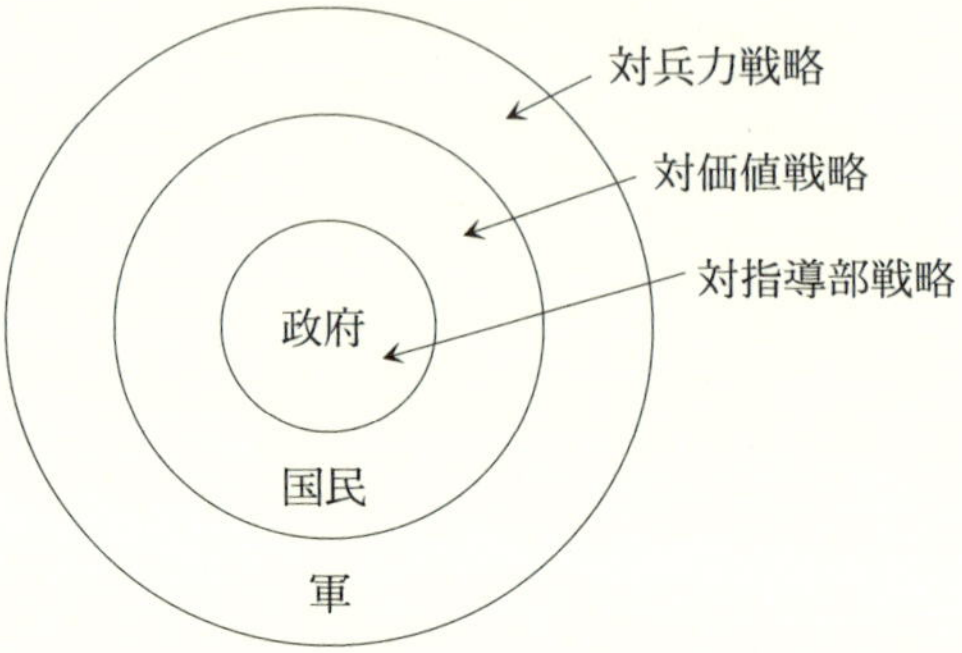

この分類を理解するためには、冷戦期に形成された核抑止戦略を例として用いるのがよい。抑止戦略は、しばしば「拒否的抑止（deterrence by denial）」と「懲罰的抑止（deterrence by punishment）」の二つに区別されたが、こうした区別は軍事目標と緊密な関係をもっていた。つまり、拒否的抑止は主として敵の軍事力を対象とするものであり、懲罰的抑止とは敵の人口や産業を対象とするものであった。いいかえれば、前者は「軍」を対象とするものであり、後者は「国民」を対象とするものである。産業を「軍」と「国民」どちらに分類するかは、現実には困難が伴うものであるが、理論的には容易な作業である。つまり、軍事行動を支える能力の源泉としての産業は「軍」に分類され、国民生活に影響を与える部分は「国民」に分類されるのである。次に、「政府」を対象とする核抑止戦略であるが、これが一般に「断頭戦略（strategies of decapitation）」と呼ばれるものである。八〇年にカーター大統領は大統領指令五九（PD-59）を承認したが、これはソ連の指導部を攻撃目標に入れるものであった。(45)

さて、それではこれら三つの軍事目標は、どういう関係になっているのであろうか。一般的にいえば、これらは同心円を描くように、政府を中心として、国民、軍と広がっている（図４）。その理由は、一国が他国を攻撃する場合を考えてみれば分かる。一国が他国の国民や政府に攻撃を加えようとすれば、まず対象国の軍事力を無力化する必要がある。主要都市などは一般に重要な防衛対象とされているため、敵の防衛網を突破しなければ、そこに到達することはできない。また、国の指導者をはじめとする政府組織は、一般国民よりさらに厳重に保護されているため、最も到達するのが困難である。従って、一般的には、政府を中心として国民、軍と広がる同心円としてこの三者を捉えることができるのである。(46)

（二）　三つのターゲティング戦略

次に、軍事目標の分類に基づいたターゲティング戦略の類型を提示しておこう。前述したとおり、既存の戦略論は、「軍」を対象とする戦略を拒否的戦略、「国民」を対象とする戦略を懲罰的戦略、「政府」を対象とするものを断頭戦略とそれぞれ呼んだ。しかし、これらの用語は冷戦期の最重要課題であった抑止戦略を説明するための用語であるため普遍性に欠ける。(47)そこで、より普遍性の高い用語として、「軍」を攻撃目標とする戦略を対兵力戦略（counter-force strategy）、「国民」を対象とする戦略を対価値戦略（counter-value strategy）、「政府」を攻撃目標とするものを対指導部戦略（counter-leadership strategy）と、それぞれ呼ぶことを提案したい。どのターゲティング戦略が最も有効であるかは、政治目的や軍事戦略、その他各種の周辺環境によって規定される。

対兵力戦略

対兵力戦略は、敵の「軍」を破壊することによって敵国を無防備にすることを中心手段とする戦略であり、具体的には、敵の軍事力・軍事施設や軍事産業の破壊、後方からの補給の阻止、軍事行動を支援する通信施設の破壊などが目標となる。対兵力戦略を用いて敵国の武装解除に成功し、敵国に対する完全な物理的支配を獲得すれば、敵領土の占領、敵国の属国化、敵国政府の転覆、敵国民の殲滅など、基本的にはいかなる目的でも達成することができるようになる。(48)

ここに挙げた三つのターゲティング戦略の中で最も重要なものは、一般的にいえば、この対兵力戦略である。なぜならば、少なくとも理論的には、このレベルを経ない限り対価値戦略や対指導部戦略を使用することは不可能だからである。前述したとおり、軍は三つの同心円の外縁部に位置しており、ここを何らかの手段で突破しない限り、敵の国民や政府にアクセスすることは不可能である。そして、ここを突破するためには、一般的には敵の軍を撃破する必要がある。

対兵力戦略の第一の特徴は、他の二つのターゲティング戦略に較べて効果を予測・評価しやすく、そのため政治目的を達成するための手段としての信頼性が高いという点である。対兵力戦略は基本的に物理的な力のぶつかり合いが決定要因となるため、心理的要素の重要性は比較的小さく、その効果を予測しやすい[49]。一方、対価値戦略や対指導部戦略は心理的要素や偶然の要素に依存する部分が大きい。例えば、都市に対する戦略爆撃を用いた対価値戦略が同国の国民の心理にいかなる影響を及ぼし、それがその政策をどう変化させるかを予測するのは極めて困難である。このため、こうした戦略は、特に政治目的と軍事手段をファイン・チューニングする必要があるような状況においては有用性が低いといわざるをえない。

対兵力戦略のもうひとつの特徴は、この戦略が「敵国に対する物理的支配を確立する」という効果と「敵国を強制する」という二つの効果を兼ね備えていることである。このため、対兵力戦略を採用している場合には、「強制」効果が期待したほどでなかったとしても、少なくとも敵に対する物理的な「支配」を確立するというオプションが残される[50]。このような理由で、対兵力戦略は信頼性が高い戦略であるということができるのである。

次に、対兵力戦略と時代精神、あるいは国際規範の関係であるが、一般的にいって、対兵力戦略は道義的に受け入れやすい戦略である。現代の戦争法は戦闘員と一般市民を区別すること、そして、直接の攻撃を敵国の軍と軍事目標に限定することを交戦国に求めている。対兵力戦略は敵の軍事力・軍事施設を主目標とするため、この戦略は政治的

・法的にも正当化しやすいものであるといえよう。近年における精密誘導兵器（ＰＧＭ）などの技術進歩は、対兵力戦略に有利に作用しているといえよう。

ところで、日本は、対兵力戦略のみに基づいた防衛政策をもつ興味深い国家である。日本は「専守防衛」と呼ばれる抑止・防衛政策をとっているが、その手段として対価値戦略や対指導部戦略は一切用いず、対兵力戦略のみを用いるという原則を維持している。日本は「相手国の国土の壊滅的破壊のために用いられる…攻撃的兵器」を保有することは「いかなる場合にも許されない」として、対価値戦略や対指導部戦略を用いる可能性を排除している。また、敵国の領土内に攻撃を行う可能性については、敵国によるミサイル攻撃に対して「他に手段がないと認められる限り、誘導弾等の基地をたたくことは、法理的には自衛の範囲に含まれ、可能である」としているが、これも飽くまでミサイルなどの基地をたたくことのみが許されているのであり、対兵力戦略の範囲内である。勿論、日本は対価値戦略や対指導部戦略などの手段を全く用いていないというわけではない。ただ、これらの手段の使用は、米国との同盟を維持することによって同国に全面的に依存することにしているのである(51)。

最後に、定義上微妙な問題がある二つの例について多少述べておこう。第一に、敵国の指揮・統制・通信・情報中枢（Ｃ３Ｉ）や通信ネットワークなどに対する攻撃を対兵力戦略と対指導部戦略のいずれに分類すべきかという問題であるが、こうした攻撃は対兵力戦略の一部として分類されるべきであろう。何故ならば、こうした攻撃が成功しても敵国の政治意志を代表する「政府」は以前と変わらず存在し続けるからである。こうした攻撃が成功したときの最も重要な影響は、敵軍が機能不全に陥るところにある(52)。第二に、共同体としての敵国を葬り去ってしまう民族殲滅を政治目的とする軍事行動をどこに分類するかという問題であるが、これは対兵力戦略に分類されるべきであろう。何故なら、民族殲滅とは、敵の意志に働きかける努力を行わず、敵を完全に無力化した上で、その物理的存在すべてを破壊するものだからである。

対価値戦略

対価値戦略は、敵国の民間人を中心とする「国民」に苦痛を与えることによって敵国の政策決定に影響力を行使し、自国の政治目的を達成するという戦略である。この戦略は、具体的には都市に対する爆撃、国民生活に影響を与える社会施設や産業施設への攻撃、国民に対するテロ攻撃などを通じて実行される。(53)

対価値戦略を初めて本格的に理論化したのは戦略爆撃を提唱したドゥーエ（Giulio Douhet）であった。彼は、敵国の非戦闘員や産業の中心を直接攻撃することによって、敵の戦意を喪失させ、降伏を迫ることを新しい戦略として説いた。(54)勿論、こうした戦略は二〇世紀になって初めて登場したわけではないが、こうした戦略が意識化され、理論化されるにいたったのは二〇世紀に入ってからであった。対価値戦略とは、相手にとって価値のあるものを破壊し、痛みや衝撃を与え、あるいは恐怖を感じさせることによって、相手側の行動に影響力を行使するというものである。(55)この戦略は、自白を迫るために使用される「拷問」に似ている。対価値戦略は、それによって直接何かを獲得しようとするものではなく、相手側が苦痛に耐えきれず、自主的に何かを差し出すのを待つというものである。そして、対価値戦略は軍同士の対決の結果を直接左右するものではなく、敵に心理的影響を与えることによって、間接的に戦争の発生・推移・終結などに影響を与えるのである。従って、対価値戦略を成功させるためには、敵にとって貴重なものが何か、あるいは敵はどんなことに恐れを抱くのかを正確に理解している必要があるといえよう。(56)

前項で、一般的には敵の軍を無力化しない限り対価値戦略や対指導部戦略を使用することは不可能であると述べた。しかし、これは飽くまで一般論であり、この原則には例外がある。現実には戦略爆撃機や弾道ミサイルなどの、いわゆる「戦略兵器」というものが存在しており、これらの兵器は敵軍を破壊せずとも、その防衛網を突破して敵の人口、産業、軍のC3I、政治指導部などを直接攻撃する能力をもっている。(57)例えば、弾道ミサイルは高々度から極めて高速で落下してくるため、これを迎撃することは技術的に極めて困難である。このため、弾道ミサイルを保有すれば、敵軍を破壊しないまま敵国を部分的に無防備にし、対価値戦略を実行することができるのである。

対価値戦略が理論的な可能性として意識されて以来、最も大規模にこの戦略が採用されたのが第二次大戦における戦略爆撃の実行であった。各国は戦略爆撃能力をもつことによって、対兵力戦略のレベルをスキップして、直接、敵国の重心に攻撃を行うことが可能になると考えたのである。(58)第二次大戦における対価値戦略の最大のものは、日本の都市に対する原子爆弾の投下であった。勿論、原子爆弾による爆撃が全く対兵力戦略としての意味をもっていなかったわけではないが、主要なターゲットは日本の「国民」であった。米国は、日本の「国民」に対して原子爆弾を使用することによって、東京の「政府」に対して降伏を迫るという強制を行使したのである。(59)

対価値戦略を考える場合に注意する必要があるのは、「国民」とは、民間人ばかりでなく、場合によっては軍人もこのカテゴリーに含まれることである。その理由は、軍人は国民の一部から選抜されているため、軍人を殺傷することによって、敵国の「国民」あるいは「政府」の認識に影響を与え、同国に政策変更を迫ることが可能な場合があるからである。その端的な例は、九二年に始まった米国によるソマリア介入を背景に発生した事件である。九三年一〇月、米兵の遺体がソマリア人によって市中を引き回されるという事件が発生したが、この事件は米国民に多大なショックを与え、これがきっかけとなって米国はソマリアからの撤退を決定した。米国は対兵力戦略レベルにおいて敗北したのではなく、対価値戦略レベルにおいて敗北したのであった。

対価値戦略の最大の特徴は、この戦略を用いることによって対兵力戦略より極めて低いコストで目的を達成できる可能性があることである。(60)対価値戦略は心理的な戦略であり、戦略爆撃機や弾道ミサイルなどの戦略兵器があれば全般的軍事バランスが不利な状況にあっても、これを実行することが可能である。また、対象国の国民に対するテロ攻撃も全般的軍事バランスに左右されにくい安上がりな対価値戦略の手段である。

対価値戦略によって対象国に与えることのできる苦痛のレベルが高ければ高いほど全般的軍事バランスの重要性

（つまり、対兵力戦略の重要性）は相対的に低下するといえるが、その極端な例が核兵器を用いた対価値戦略である。核兵器と弾道ミサイルの組み合わせによって発生した核革命は、全般的軍事力のレベルに関係なく相手側に耐えがたい苦痛を与える能力をもつことを可能とし、対価値戦略の潜在的効果を飛躍的に向上させた。第二次大戦における戦略爆撃は極めて大規模なものであったが、その戦略的効果は限定的なものであった。少なくとも欧州戦線において最終的に戦争の帰趨を決したのは相手の軍事力を撃破して領土を占領するという対兵力戦略に基づいた軍事作戦であった。しかし、核兵器の登場により、それがひとたび使用されれば国土が焦土と化すという認識が一般化し、核を用いた戦略攻撃の効果は誰の目にも明らかになったのである。このような核兵器の作用を水晶球効果（crystal ball effect）と呼ぶ。

ポスト冷戦期にあって、生物・化学兵器が注目を浴びているのは、これらの兵器を製造、あるいは入手するのが比較的容易かつ安価であると同時に、これらの兵器が（対兵力目的では効果に限界があるとはいえ）対価値攻撃に極めて有効であるという特徴をもっているからである。生物・化学兵器による攻撃に対して軍を保護するのはそれ程困難なことではないが、生物・化学攻撃から国民を守るのは極めて難しい。特に、こうした兵器が弾道ミサイルやテロと結びついたときの脅威は極めて大きい。最近、西側先進国を中心として大量破壊兵器の拡散が極めて重要な懸念事項になっているのは、大量破壊兵器が拡散すると全般的軍事バランスが無意味になってしまう恐れがあり、全般的軍事バランスで優位に立っている西側先進諸国がこれを自国の国益に反するものと認識しているからであろう。

なお、戦略爆撃機や弾道ミサイルといった戦略兵器を用いず、敵軍を無力化しなくても、対価値戦略をとることが可能な場合が稀にある。これはしばしば地政学的な要因によるもので、例えば、韓国の首都ソウルは北朝鮮との軍事分界線から僅か四−五〇キロメートル程度しか離れていないため、北朝鮮の長距離砲や多連装砲などの射程に入ってしまう。つまり、北朝鮮は特に戦略爆撃機や弾道ミサイルなどを用いなくてもソウルに「戦略爆撃」を仕掛けることが可能なわけである。

対価値戦略が効果を発揮するかどうかは、「国民」と「政府」の関係に大きく依存する。例えば、ある国家が民主国家である場合、「国民」の苦痛に「政府」が無関心でいることはできないであろう。一方、独裁国家の場合には、「国民」が大きい被害を受けていても、「政府」の戦略的計算はあまり影響を受けないかも知れない。[61] それどころか、湾岸戦争時のイラクにいたっては、多国籍軍側が民間人の被害を最小限に抑えようとしていたことを逆手にとって、学校、公共施設、住宅地の付近に軍司令部や手持ちの兵器を移動させるなどの措置をとった。[62]

また、気をつけておかなければならないのは、対価値戦略は場合によっては逆効果を生み出すこともありうるという点である。敵国の都市に対して戦略爆撃を行った場合、敵国の国民の戦意が失われるどころか、逆に敵愾心が強まり、国民の政府に対する支持も強まるという傾向があることを忘れてはならない。

時代精神や国際規範に照らし合わせると、対価値戦略は極めて使用するのが困難な手段であるといえる。[63] その理由として第一に、対価値戦略の対象となるのは「国民」であるが、「国民」は「政府」の個々の政策に直接の責任を負うものではないため、「国民」が味わう苦痛が、その責任を過度に超えるレベルに達することがある。第二に、非戦闘員に対する意図的な攻撃は、敵の戦争遂行能力に短期的かつ直接的な影響を与えるものではないことが挙げられる。対価値戦略は国際道義上の正統性に著しく欠けるものであるといえよう。

対指導部戦略[64]

対指導部戦略には二つの種類がある。第一は「指導者の断頭（leadership decapitation）」戦略である。これは、自国に不利益をもたらしている対象国の政策が同国内の特定の政治・軍事指導者によって主導されているとの前提のもとにとられる戦略であり、具体的な手段としては、そうした人物の暗殺や居所に対する軍事的攻撃などがある。この戦略は、特定の指導者を物理的に取り除くことによって敵国の政策に変化を起こさせる、あるいは敵国の指導部に対する攻撃を示唆あるいは実行することによって、彼らに心理的圧力を加え、政策の変更を促そうとするものである。第二は「政治的断頭（political decapitation）」戦略である。これは、対象国の政府を転覆させるか、内部変革を起こさせることによって自国に不利益をもたらしている同国の政策が変化するとの前提のもとに実行される戦略である。これは軍事的手段によって敵国内の反体制勢力を支援する、あるいは軍事力を用いて敵国政府内部の反乱やクーデターが発生しやすいような環境を醸成することによって実行される。[65]

対指導部戦略は、敵国指導者の殺害が同様の報復を招く可能性があることや、この戦略が国際法で禁止されている政治指導者の暗殺と混同されがちであることなどから議論されにくかった。しかし、ポスト冷戦期において「懸念される国家（states of concern）」[66]やテロリズムが重要な安全保障上の課題として台頭していることを考えれば、戦時における対指導部戦略が重要性を増すことは確実である。対指導部戦略は独裁的政治制度をもつ国家に対して特に有用であろう。[67]また、対指導部戦略はテロリスト団体や暴力的カルト団体に対しても有効な手段である。テロリスト団体は隠密に行動する上、武装組織が比較的小規模であるため、対兵力戦略を用いてそれを武装解除させることは困難である。このため、発見・攻撃することが困難であるとはいえ、目標の数としては比較的限定されているテロ団体の指導者を目標にするというのは有効な戦略であるといえよう。[68]また、対指導部戦略は成功した場合には極めて安上がりなものとなる。

独裁的な国家に対しては対兵力戦略や対価値戦略がもつ強制機能が作用しにくいことも、対指導部戦略の有用性を高める要因となっている。独裁国家の政治指導者は、しばしば自国民に被害が出ることをあまり気にしないものである。また、多くの独裁者にとっては、自分自身の政治的生き残りが最も重要な政治目的となっており、極端な場合には、こうした独裁者は国家的自殺行為をおかしてでも自分の個人的名誉を守ろうとする。[69]

国際法は、戦時において敵国の政治指導部を目標とすることを禁じていない。また、敵国の「政府」は、同国の政策に直接の責任をもっているため、この目標を破壊することは道義的にも問題が少ないといえる。近年、「人道に対する罪」を犯した政治・軍事指導者は国際法的に裁かれるべきであるとの国際規範が形成されつつある。つまり、国家の集団としての罪（collective guilt）と政府・軍指導者の個別的な罪（individual guilt）を区別しようというのである。[70] 実際、ボスニア紛争に関連して、大量虐殺などの戦争犯罪を裁くため、九三年五月、国連安保理決議に従って旧ユーゴ戦争犯罪国際法廷がオランダのハーグに設置された。ボスニアのセルビア人勢力の元最高指導者カラジッチ、同勢力元最高司令官ムラジッチらが同法廷によって起訴され、九九年にはミロシェビッチ大統領もコソヴォ自治州におけるアルバニア系住民に対する残虐行為で起訴された。こうした国際規範のもとでは、対指導部戦略の妥当性は以前に比べて向上するものと考えられる。また、敵国の「国民」に対する付随的被害（collateral damage）を最小化できることも対指導部戦略の利点である。場合によっては、対指導部戦略は経済制裁よりも人道的な戦略であるということができよう。

対指導部戦略における全般的軍事バランスの重要性は高い。例えば、この戦略が敵国指導者の所在地に対する空爆によって実行されるのであれば、こうした作戦を成功させるためには高度の諜報能力、防空網突破能力、精密誘導爆撃能力などが必要となり、特に空軍力のバランスは極めて重要な役割を果たすであろう。そして、敵の指導者の所在などを正確に知るためのヒューミントなどの重要性が高まるであろう。

対指導部戦略は軍事的手段と政治目的を同調させるのが困難であり、多くの不確実性を内包する戦略である。これは、この戦略が本質的に「敵の主体的意志を喪失させる」ことを意図するものであることから、ある程度当然のことといえよう。対指導部戦略に対する批判として、しばしば言及されるのは、この戦略が成功すると和平交渉を行うためのカウンターパートが存在しなくなるため、戦争を終結させることが不可能になってしまうという問題である。また、戦争が終結したとしても、同国に有効な政府が存在しなくなるのであれば戦後に多大な混乱を招く可能性があるという点がこの戦略の弱点である。

また、対指導部戦略は政治指導部を不安定化あるいは転覆しようとするものであるため、敵の政府が態度を硬化させ、その政府が存続する限り政策が変化する可能性がむしろ低下することさえありうる。そして、敵国の指導者が交代したり、政府が転覆したりすることによって、新しく登場する指導者・政府がどういう性格をもつものになるかは予測が困難であり、場合によっては以前より状況が悪化する可能性さえ排除できない。

対指導部戦略の具体例としては、八六年の米国によるリビア空爆、八九〜九〇年にかけての米国のパナマ侵攻、九一年に始まったイラクに対する空爆などが挙げられる。これらの作戦においては、指導者個人や政府機関などが重要な攻撃対象になった。これらは、指導者の断頭戦略であったといえよう。一方、政治的断頭戦略の例としては、再び湾岸戦争時の作戦、そして九九年のコソヴォ紛争におけるユーゴ空爆などが挙げられよう。これらの空爆は、イラクやユーゴにおける反体制勢力や政府内の反対勢力を勇気づけることを目的のひとつにしていた。

第五節　ポスト冷戦期の戦略環境――三つの枠組みによる分析

前三節で政治目的、軍事戦略、ターゲティング戦略という三つの枠組みを説明してきたが、ここではこれらの枠組みを用いてポスト冷戦期の戦略環境の特徴を明らかにする。なお、ここでは「ポスト冷戦期における西側先進諸国の戦略」を念頭に置いて分析をおこなうこととする。

(一)　政治目的

第二節の冒頭で、軍事力の意義を分析するときには、まず、どのような政治目的のために軍事力が使用されるかを明らかにしなければならないと述べたが、ここでは冷戦期と比較してポスト冷戦期においてどのような「政治目的」が重要性を増してきているかを概観したい。結論からいえば、冷戦期には「敵対的かつ消極的」な政治目的が中心的な役割を果たしていたのに対し、冷戦後の世界においては「積極的」な政治目的が重要性を増すとともに、「敵対的」目的とともに「協力的」目的が重要な課題として台頭してきている。

まず、冷戦後の世界において「積極的」政治目的が重要性を増した原因について述べよう。最も重要なものは、米国のライバルとしてのソ連の崩壊と、それに伴う米国を中心とする一極体制の登場である。冷戦期には、欧州正面における通常戦力バランスではワルシャワ条約側がＮＡＴＯに対して圧倒的優位を維持し、ＮＡＴＯ側は核戦力に大きく依存するかたちで抑止体制を維持していた。こうした戦略環境を背景に、軍事力に期待される政治目的はもっぱら消極的なものが多かった。曰く、勢力圏の確保、「封じ込め」、友好国の安全保障などである。

しかし、このような冷戦の秩序は崩壊した。冷戦の秩序は対立的な厳しいものではあったが、「長い平和」の時代であったとの評価もあるように、それなりに安定したものであった。しかし、この秩序が崩壊した今、米国を中心とする西側先進諸国は新秩序構築という新たな課題に直面している。この新秩序づくりというのは極めて積極的な行為であり、こうした動きの中で軍事力が積極的に利用されるようになっているのは偶然ではない。湾岸戦争は「新世界秩序」の構築を旗印に遂行されたし、最近ではコソヴォ紛争にみられるように国連安保理の明確な承認を伴わない人道介入（humanitarian intervention）という新しい試みが行われている。今後、国際法や国連の運用について重大な変化がみられる可能性も否定できない[71]。新しい秩序づくりという政治目的に従った軍事力の行使を冷戦期の戦略論の枠組みで理解することは困難であろう。

ポスト冷戦期における主要課題は、「大国間の対立」から、「主要先進国と地域の中小国の対立」あるいは「主要国と非国家主体の対立」などに移りつつある。米国を中心とする西側諸国が近年行った軍事作戦は、イラク、ボスニア、ユーゴなどに対するものである。つまり、冷戦期と異なり、西側主要国は比較的弱小な相手に対して軍事力の直接行使を行うようになってきているのである。こうした戦略環境のもとでは、「戦略的安定性」は必ずしも最も重要な価値ではなくなり、場合によっては「健全な不安定性（healthy instability）」が要求されるようになる。(72)

次に、以前より「協力的」政治目的が注目を浴びるようになってきている。こうした傾向が現れている最大の理由として、冷戦が終わり、米ソ二超大国の対立が解消されたことと、大量破壊兵器の拡散やテロリズムなど、協力的な国際環境の醸成なくしては解決が困難な問題が台頭してきたことが挙げられる。冷戦期の世界は米ソ対立を軸として形成されていたため、そこで追求される政治目的も不可避的に対立的なものとなっていたといえよう。しかし、米ソ対立は崩壊し、冷戦後の世界においては冷戦期にみられたような主要国間の厳しい対立関係は出現していない。こうした環境のもとでは、どのように対立を管理するかという問題より、そもそも対立が生まれないような環境を醸成するにはどうしたらよいかという、安全保障の協力的な側面が強調される。米国の「関与政策（engagement policy）」には、こうした変化が如実に反映されているといえよう。

ポスト冷戦時代に中核となる政治目的は、「ソ連封じ込め」というように単純に表現できるものではなくなった。敵味方の区別は不明確であり、政治、経済、社会、軍事など色々な要因が複雑に絡み合い、グローバリゼーションが進むなかで国家政策が形成されなければならなくなった。(73) こうした中では、「軍事力によって達成可能な政治目的」を明らかにするだけでも極めて複雑な作業を要する。「ソ連封じ込め」を暗黙の前提にして、政治目的について特段の議論をしないまま軍事戦略を論じることができた時代は終わりを迎えたのである。政治目的の多様化・複雑化は、当然のように手段としての軍事戦略のあり方にも影響を与えるであろう。続いて、政治目的の多様化に対応して変化する軍事戦略について述べよう。

（二）　軍事戦略

冷戦期、西側諸国はソ連を封じ込めるという政治目的に従って抑止を軍事戦略の中核に据え、国際システムの安定を図った。比較的シンプルな二極の国際システムを背景に、多少の調整はあったものの基本的には「恐怖の均衡」による相互抑止体制が徐々に定着し、日常化していったのである。間接的な軍事力の使用の一形態である抑止戦略は、「長い平和」の中で理論的にも高度に洗練されていった。また、西側諸国は戦略的に「防衛」の側に立っていたため、彼らが追求する政治目的の正統性や抑止という軍事戦略の妥当性について比較的容易にコンセンサスを得ることができたのであった。

しかし、冷戦後の世界では、このような前提は失われてしまった。冷戦後の世界においては軍事戦略についての議論の幅が広がり、軍事力の間接的使用と同時に直接的な武力行使が注目を集め、敵対的軍事戦略とともに協力的軍事戦略が重要性を増している。

冷戦後の現象として、西側先進諸国が直接的軍事力の行使を行う事例が増加したことが挙げられる。湾岸戦争、ソマリア、ボスニア、ハイチ、コソヴォなどがその好例である。(74) そして、これらの事例の多くにおいて、西側先進諸国は「攻撃的」な軍事作戦を展開したのであった。西側先進諸国が「防衛的」で、しかも「間接的」な軍事力の使用に満足していられる時代は終わったのである。軍事力の使用形態が「防衛的」であることを国際的正統性の裏付けとして用いることはもはや不可能になった。もし、西側先進諸国が冷戦後の世界における積極的な軍事力の使用を正当化しようとするなら、その正統性の源泉は政治目的の正統性や軍事戦略・ターゲティング戦略の妥当性に求められるべきであろう。

こうした背景には、米国が他国に比べて圧倒的な軍事能力をもつようになったという事実がある。冷戦後の世界では、いくつかの新興国の台頭はみられるとはいえ、軍事面においては米国を中心とする一極体制が成立し、それを西欧や日本などの西側先進国がサポートするという状況がある。当分の間は、米国の圧倒的な軍事能力に対抗できる能力をもつ国が登場しないことが予想される上、米国は「軍事上の革命（ＲＭＡ）」を模索して一層の軍事能力の向上を図っている。少なくとも通常戦力のバランス面では、米国とその他諸国の格差は広がる方向にあるといえよう。このような軍事バランスの変化を背景に、冷戦後の世界では、米国を中心とする西側先進諸国がより積極的に軍事力を使用するという例が増加しているのである[75]。

勿論、抑止論が無意味になってしまったわけではない。ＡＢＭ制限条約や米ソの軍備管理などは、現在でも重要な戦略安全保証上の課題である。また米中、米ロなどの大国関係においては、安定的な抑止体制の構築が模索されている。しかし、こうした問題は、それらが冷戦期に占めていたような地位を失ったこともまた事実であろう。主要国間における核戦争の恐怖が低下した現在、「戦争は外交の失敗でも、最後の手段でもない」という傾向が強まっている。ＡＢＭ制限条約については、これを廃棄すべきだという声すらしばしばきかれるのである。欧米の国際政治学界においては「戦略的強制（strategic coercion）」「強制外交（coercive diplomacy）」が新たな関心事項として台頭しており、軍事政策の中心課題もＲＭＡなど、必ずしも抑止を目的とするものではないテーマが話題の中心となっている。抑止はすでに支配的（dominant）な戦略ではなくなったのであり、ここで紹介した数々の軍事戦略のなかのひとつに過ぎないのである。

（三）　ターゲティング戦略

冷戦期、西側諸国は抑止を軍事戦略の中核に据え、その戦略を実施するために、対価値戦略を基礎とする相互確証破壊（ＭＡＤ）戦略を確立していった。勿論、冷戦期には核戦略をめぐる論争が最後まで続き、対兵力戦略の要素を核戦略に復活させるべきであるとの議論もあり、実際、対兵力戦略の重要性が多少高められた。しかし、ＡＢＭ制限条約が最後まで維持され、本格的な「防御」が否定されたことなどから、その根本思想が対価値戦略に基づいたものであったことは明らかであろう。

冷戦期の西側の戦略は対価値戦略を中心に据えたものであったが、ポスト冷戦期のそれは対兵力戦略に基礎をおくものになったといえる。その典型的な例が、米国を中心に議論されている、いわゆるＲＭＡである。ＲＭＡは、長距離精密誘導兵器やステルス技術の登場、情報システムの高度化などを背景に、対兵力戦略レベルにおいて「決定的勝利」を達成することを目標とするものである。また、ＲＭＡにあっては、戦争によって発生する死傷者を最小化することに多大の関心が払われる。特に自国の軍人・民間人、そして敵国の民間人死傷者の限定が最重要視される上、優先順位は低いとはいえ、敵国の軍人の死傷者についても関心が払われる。つまり、ＲＭＡは、対価値戦略レベルに拡大しないように戦争を制限しながら、対兵力戦略レベルにおける軍事能力の飛躍的向上を最大限に活用することを目的に、国際社会における「強者」である西側先進諸国が発展させようとしている新種の「西側流の戦争方法（The Western Way in Warfare)」なのである。

他方、これに対抗するための戦略として「非対称（asymmetric）戦略」が提示されている。これは、基本的に「弱者」の戦略であり、大量破壊兵器や弾道ミサイル、そしてテロリズムなどを用いて、戦争を対兵力レベルに限定しようとする西側先進諸国の試みをうち砕こうとするものである。つまり、非対称戦略の中心手段は対価値戦略なのであり、この戦略を採用する国々は、軍事力に勝る相手にあらゆる手段を用いて「苦痛」を強いることによって、対兵力レベルにおける不利を相殺しようと試みるであろう。(76) 全般的な軍事バランスにかかわらず敵の人口・産業などを直接攻撃できる戦略攻撃能力が極めて重視されるのは当然である。その意味で、大量破壊兵器、弾道ミサイル、テロ／ゲリラは、非対称戦略を用いる国家にとっては三種の神器であるといえよう。

コソヴォ紛争において、ミロシェヴィッチ大統領はＮＡＴＯ側が民間人の犠牲者を最小限に抑えることや付随的被害の最小化を重視していることに着目し、サダム・フセインがそうしたように、軍を民間人・民間施設の付近に配置することによってＮＡＴＯからの攻撃を阻止しようとした。(77) これはＮＡＴＯが対価値戦略を避けて、対兵力戦略のみを用いようとしているのをみたミロシェヴィッチが、両者の境界線を意図的に取り去ることによってＮＡＴＯの戦争遂行を困難にすることを図った典型的な非対称戦略である。ミロシェヴィッチがこうした非対称戦略をとることができたのは、ユーゴにおける政府と国民の関係がＮＡＴＯ諸国における政府と国民の関係と非対称なものになっていたからであろう。

非対称戦略が用いられるのは必ずしも戦時だけではない。近年では、平時において非対称戦略が適用される例もみられる。九三年以降の北朝鮮の核外交やミサイル外交、九六年の中国のミサイルによる恫喝外交などがその例である。これらは、北朝鮮や中国が、彼我の政治的・軍事的非対称性を利用して、軍事力の間接的な使用による強要を試みた例である。

勿論、西側諸国はこうした非対称戦略に対抗する試みを行っている。その典型的な例が、弾道ミサイル防衛（ＢＭＤ）構想であり、市民防衛やテロ対策の強化である。すでに述べたとおり、弾道ミサイルの特徴は、全般的軍事バランスに関係なく対兵力戦略レベルをスキップして、直接、敵に「苦痛」を与えるという対価値戦略を実行することができるという点にある。もし、ＢＭＤがかなりの水準で弾道ミサイルを迎撃することができるのであれば、対価値戦略を用いた非対称戦略が無力化されることになり、ＲＭＡの有効性が一層高まるであろう。また、最近米国は、テロリズムを「戦略的課題」と位置づけ、これに体系的に対抗する措置をとり始めた。こうした動きも、「弱者」による非対称戦略に対抗しようとするものであろう。(78)

近年、戦争の新しい手段として注目されている戦略情報打撃戦（strategic information warfare、以下ＳＩＷ）、あるいは「電脳戦」は、戦間期の戦略爆撃思想の流れを汲むものであり、発想としては必ずしも新しいものではない。戦略爆撃とＳＩＷが異なるのは、前者が空という三次元空間を経路とするのに対し、後者は電脳空間という「五次元」空間を通じて実行される点にある。ＳＩＷは、敵の軍事能力を麻痺させる対兵力戦略として用いることも、敵国の国民生活を脅かす対価値戦略として用いることも可能である。また、ＳＩＷが情報操作の目的で用いられた場合、政治的断頭の手段として機能するかもしれない。ＳＩＷが「強者」と「弱者」のいずれをより多く利するかは、ＳＩＷが実戦で大規模に使用された例がないため、今のところ判断するのは困難である。

最後に、対指導部戦略であるが、この戦略は、どちらかといえば「強者」にとって有用な戦略となろう。なぜならば、すでに述べたとおり「強者」の側には民主主義国が多く、弱小国がこうした国々の指導者を目標にした場合、否定的な影響こそあれ、肯定的な結果が得られる可能性が低いためである。しかも、非対称戦略を用いるような国々は、西側諸国の政治指導部を軍事的に攻撃する能力をもっていない。このため、もし彼らがこの戦略を実行しようとすれば必然的にテロが手段となろうが、テロを用いるのであれば「国民」を対象とした方が政治的効果が高いと考えられるのである。

従って、対指導部戦略は、もっぱら西側先進諸国が通常戦力を用いて実行することになろう。こうした傾向は湾岸戦争時に明確になった。湾岸戦争における多国籍軍の航空作戦は、開戦当初から「国家指導部」を重点目標としていた。多国籍軍側はイラクの指導部（Leadership）と電信（Telecommunications）を「Ｌ目標」として定め、公邸、政府省庁、指揮・統制用バンカーなどの施設を攻撃した。これらの目標に対する攻撃は、主として精密誘導兵器によって行われ、開戦初日と二日目が攻撃のピークであった。

しかし、この戦争で対指導部戦略の限界も明らかになった。多国籍軍側がイラク指導部に対する攻撃を重視したにもかかわらず、期待されたイラクの政策変化やフセイン政権の打倒は実現せず、戦争終結後もサダム・フセインは大統領の地位を維持することに成功した。「指導者の断頭」は失敗したのである。また、停戦後にクルド族やシーア派の反乱がみられたが、これらの反乱は残存したイラクの軍事力によって制圧され、「政治的断頭」も失敗に終わったのである。(79)

おわりに——新しい戦略論の枠組みと軍事力の将来

本章で提示した戦略論の枠組みは、基本的には冷戦期に形成された概念を再構成し、多少新たな概念を追加しただけのものではあるが、それでも将来の軍事力の意義を理解する上で有用な枠組みになっていると考える。その理由は以下の通りである。

第一に、ここで提示した枠組みは、複雑化・多様化する戦略問題をより正確に分析し、理解するのに適している。本章では、戦略問題を分析するにあたって、その重要な要素である政治目的、軍事戦略、ターゲティング戦略を分離して考えることを提唱したが、これは、ポスト冷戦期において、これら三つの要素の構成内容に重大な変化が発生したことと、これら三つの要素の相互関係が複雑化したためである。

例えば、ポスト冷戦期においては、冷戦期に比べて政治目的と軍事手段の関係が複雑化した。冷戦期における西側先進国の政治目的はソ連の封じ込めであり、抑止戦略がその軍事的手段となっていた。幸いなことに、この「防衛的」(本章で提示した用語では「消極的」)な西側の政治目的は、抑止という「防衛的」な軍事戦略によって担保されていた。しかし、ポスト冷戦期における西側先進国の政治目的と軍事戦略の関係は多様かつ複雑なものとなった。例えば、九九年、NATO諸国は国連安保理決議一一九九や国連憲章を根拠にコソヴォに人道軍事介入を行った。ここで特徴的なのは、NATO諸国の掲げた政治目的は、国際法的、国際道義的に正統性があると認識されるものではあったが、用いられた手段自体は極めて「攻撃的」な軍事行動であったことである。

こうした状況に直面したNATOは、ユーゴに対する作戦を「攻撃」ではなく「軍事行動（military action）」と、そして武力衝突を「戦争」ではなく「危機（crisis）」と呼んだ。(80) このような用語の使用は、象徴的な意味で重要なものである。冷戦期においては、西側は「防衛」側で、ソ連が「攻撃」側であり、「防衛」は善、「攻撃」（あるいは「戦争」）は悪という暗黙の前提で安全保障の議論を行ってきた西側諸国は、冷戦後の世界において、自分たちがしばしば「攻撃」側に立ち、「戦争」をイニシエイトするようになったことを素直に認めにくかったのであろう。

このような例は、冷戦期の戦略理論がポスト冷戦期の戦略環境に適応不全を起こしていることを端的に示すものである。冷戦期における戦略理論の最大の欠点は、「政治目的」と「軍事戦略」を厳格に峻別し、軍事戦略を飽くまで政治目的達成のための手段であると位置づけてこなかったところにある。勿論、核ミサイルの登場によって、軍事力を政治の手段として位置づけることが困難になったこともあるが、いずれにせよ、冷戦期に「政治目的」が戦略論から姿を隠したのは事実であろう。

ポスト冷戦期の複雑な戦略環境の中では、冷戦期よりはるかに複雑な利害関係、アクターの多様性、軍事力行使の形態がみられるようになっている。このため、抑止と防衛のみを目的とした安全保障政策はすでに陳腐化しているのであり、これからの国際情勢の中では多様な政治目的を達成するための多様な軍事戦略、そして、そのために必要な軍事力のあり方を考えて、適切な資源配分を行うことが重要になってきているといえよう。冷戦後の世界においては、「消極的」政治目的のために「積極的」軍事戦略が用いられたり、「積極的」政治目的のために「消極的」抑止戦略が用いられたりするということがしばしば発生するようになっているのである。

こうしたポスト冷戦の戦略環境に対応して、本章では、政治目的と軍事戦略を峻別し、それぞれを「目的」と「手段」として明確に位置づけることが強調された。ポスト冷戦期の安全保障を正確に理解し、公平に評価するためには、軍事力の存在そのものやその使用形態だけをみて判断を下すのではなく、それが達成する政治目的を中心的な判断基準として用いることが必要になっている。

第二に、本章に提示された枠組みは、軍事力の意義の分析にあたって「協力的」側面を重視するものとなっている。PKOをはじめとする国際的な紛争への取組みは、今後も重要性を増すであろう。また、同盟論の文脈でも、「心理的保証」などの重要性が注目されるなど、安全保障の協調的な側面が重視される傾向が目立つようになってきた。しかし、現在までのところ、冷戦期に発展した伝統的安全保障論と、PKOのような冷戦後に注目されるようになった軍事力の役割をめぐる議論は接点を探しきれていないようである。[81] 本章で提示した枠組みは、両者を統合するためのワン・ステップになるであろう。

第三に、ここで提示した枠組みは、軍事力の一般的効果を重視するものとなっている。冷戦が終わり、西側先進国を中心とする国際秩序に真っ向から挑んできたソ連という脅威が消滅したため、国際社会全体としての対立レベルは低下したのである。そして、これからの米国をはじめとする西側先進諸国にとっての重要課題のひとつは、「小さい問題が大きい問題にならないようにする」こと、つまりより予防的な措置をとることなのである。[82] そこで、注目しなくてはならないのが、軍事力の一般的効果である。明確な脅威が存在し、それに対して直接的抑止力を行使するという時代は過ぎ去った。代わって、正体の分からない将来の脅威が、少しでも「大きい問題」にならないようにするために、一般的抑止力を維持しておくことが極めて重要になってきているといえよう。[83] 世界各地に展開している米国の前方展開戦力は、地域の顕在的脅威に対処するだけでなく、潜在的な敵対勢力が「大きい問題」になるのを予防するという重要な役割を果たしていると考えられる。

第四に、ポスト冷戦の世界ではアクターの多様性が増しているが、非国家主体の戦略を分析するときにも、本章で提示した枠組みは有用である。本章では、議論を分かりやすくするために「自国」「対象国」など、国家主体を念頭に置いて議論を展開してきたが、非国家主体の行為を分析する場合にも同様の枠組みを用いて分析することが可能である。例えば、テロリズムを分析する場合には、テロ団体の政治指導部を「政府」に、軍事部門を「軍」に、支持者・同調勢力を「国民」に置き換えて、本章で提示した枠組みを用いることができる。

冷戦後、脅威は多様化し、テロリストなどの非国家主体による武力行使の動きを「例外」として無視することができなくなりつつある。そして、このような非伝統的な脅威も戦略論の枠組みの中にきちんと位置づけて分析することが求められている。これについてフリードマンは、「テロリズムを単なる暴力行為としてみなすのではなく、これを戦略として真剣にとらえることが重要である」と述べているが、これは、こうした試みの重要性を裏付けるものであろう。(84)

今後の戦略理論の対象は、国家による行動だけでなく、「政治的な意図をもつあらゆる集団による、多様な目的のための戦略的脅迫の行使（the employment of strategic threats by any politically conscious collectivity for a great variety of potential purposes）」(85)となるべきであろう。

最後に、「二一世紀において軍事力は政治の手段たりうるか」という問いかけに対する回答を提示しておく必要があるだろう。

一言でいえば、この問いかけに対する答えは、「イエス」である。「戦争は政治の手段であるべきである」という命題は広く受容されており、戦略環境が重大な転換期を迎えている現在、軍事力を政治の手段として効果的に使用する方途の模索は一層の緊急性をもって進められているのである。

ここまで述べてきたとおり、冷戦期の主要課題であった抑止などの重要性は低下している。しかし、これらに代わって軍事力の直接行使や強要、あるいは協力的な軍事力の使用などが西側の戦略論の表舞台に登場しつつある。

今後、複雑多様化していく世界の中で、軍事力の意義は多くの変転を経験することになろうが、そうした動きを正確に理解するためにも、戦略論の一層の進化が不可欠なのである。

（道下　徳成）

本文注

第一章

（1）クラウゼヴィッツ『戦争論』（下）篠田英雄訳、岩波文庫、一九六八年、三一六頁。『戦争論』からの引用については、基本的にはこの篠田訳を使用するが、原文と照合して訂正が必要と思われる箇所に関しては、筆者自身の訳出による。以下も同様。

（2）「方針」は一八二七年に記されたものである。『戦争論』の執筆は一八一六年前後から始まったと推測されるが、実際に出版されたのは一八三二年〜三四年の期間である。

（3）クラウゼヴィッツ『戦争論』（上）一二三頁。

（4）同右、一七頁。

（5）同右、一九〜二〇頁。

（6）詳しくは、石津朋之「書評　マイケル・ハンデル『戦争の達人たち―孫子・クラウゼヴィッツ・ジョミニ』」『新防衛論集』第二二巻第二号（一九九四年一一月）を参照。なお、クラウゼヴィッツに関する文献として、Michael Howard, *Clausewitz* (Oxford: Oxford University Press, 1983); Peter Paret, *Understanding War: Essays on Clausewitz and the History of Military Power* (Princeton: Princeton University Press, 1992); Peter Paret, *Clausewitz and the State: The Man, His Theories, and His Times* (Princeton: Princeton University Press, 1985)（ピーター・パレット『クラウゼヴィッツ―「戦争論」の誕生』白須英子訳、中央公論社、一九八八年）; Peter Paret, "Clausewitz," in Paret, ed., *Makers of Modern Strategy: from Machiavelli to the Nuclear Age* (Oxford: Clarendon Press, 1986)（ピーター・パレット編『現代戦略思想の系譜―マキャヴェリから核時代まで』防衛大学校「戦争・戦略の変遷」研究会訳、ダイヤモンド社、一九八九年）; W.B. Gallie, *Philosophers of Peace and War: Kant, Clausewitz, Marx, Engels and Tolstoy* (Cambridge: Cambridge University Press, 1978); Azar Gat, *The Origins of Military Thought from the Enlightenment to Clausewitz* (Oxford: Clarendon Press,1989); Bernard Brodie, *War & Politics* (New York: Macmillan,1973); Carl von Clausewitz, edited and translated by Michael Howard and Peter Paret, *On War*（Princeton: Princeton University Press, 1976）のなかのパレット論文、ハワード論文、そしてブロディ論文、レイモン・アロン『戦争を考える―クラウゼヴィッツと現代の戦略』佐藤毅夫、中村五雄訳、政治広報センター、一九七八年を参照。

（7）クラウゼヴィッツ『戦争論』（下）三一六〜三一八頁。戦争を抑制するその他の重要な要素としてクラウゼヴィッツは、摩擦や偶然などの存在を挙げている。

（8）同右、三一七頁。

（9）同右、三二二〜三二三頁。

（10）ジョミニに関しては、石津、前掲書評、Brian Bond, *The Pursuit of Victory: From Napoleon to Saddam Hussein*（Oxford: Oxford University Press, 1996）（ブライアン・ボンド『戦史に学ぶ勝利の追求――ナポレオンからサダム・フセインまで』川村康之監訳、東洋書林、二〇〇〇年）, pp. 44-57; John Shy, "Jomini," in Paret, ed., *Makers of Modern Strategy* ; Michael Howard, "Jomini and the Classical Tradition in Military Thought," and Peter Paret, "Clausewitz and the Nineteenth Century," in Michael Howard, ed., *The Theory and Practice of War*（New York: Praeger,1965）に詳しい。

（11）Gordon A. Craig, "Delbrück: The Military Historian," in Paret, ed., *Makers of Modern Strategy*. なお、クレイグ論文は、Edward Mead Earle, ed., *Makers of Modern Strategy: Military Thought from Machiavelli to Hitler*（Princeton: Princeton University Press, 1943）（エドワード・ミード・アール編著『新戦略の創始者―マキャベリーからヒットラーまで』山田積昭、石塚栄、伊藤博邦訳、原書房、一九七八年）にも収められている。

（12）Hans Delbrück, *Geschichte der Kriegskunst im Rahmen der politischen Geschichte, 4vols.*（Berlin, 1900-1920）. なお、同書の英訳は、*History of the Art of War within the Framework of Political History*（Lincoln: University of Nebraska Press, 1975-1990）。

（13）Hans Delbrück, *Die Strategie des Perikles erläutert durch die Strategie Friedrichs des Grossen: Mit einem Anhang über Thucydides und Kleon*（Berlin, 1890）.

（14）*Preussische Jahrbücher*. デルブリュックは、一八八三年〜一八九〇年に『プロイセン年報』の編集委員を、その後は編集長を勤めた。

（15） Craig, op. cit. デルブリュックに関しては，Azar Gat, *The Development of Military Thought: The Nineteenth Century* (Oxford: Clarendon Press, 1992); Hans Delbrück, edited and translated by Arden Bucholz, *Delbrück's Modern Military History* (Lincoln: University of Nebraska Press, 1997), pp. 180-192; Arden Bucholz, *Hans Delbrück and the German Military Establishment: War Images in Conflict* (Iowa: University of Iowa Press, 1985); Arden Bucholz, "Hans Delbrück and Modern Military History," *The Historian*, 55 (Spring 1993) を参照。

（16） Craig, op. cit. なお，「殲滅戦略（*Niederwerfungsstrategie*）」とは，その唯一の目的を決戦と見なすものであり，また，「消耗戦略（*Ermattungsstrategie*）」とは，決戦は政治目的を達成するための手段のひとつにすぎないと捉える見方である。後者の観点からすれば，当然，戦争の手段を決定するのは「政治」の役割と見なされることになる。

（17） Craig, op. cit. 本項の以下の議論は，同論文に負うところが大きい。

（18） 「ナポレオン戦争」に関しては，Charles J. Esdaile, *The Wars of Napoleon* (London: Longman, 1995) を参照。

（19） Quoted in Craig, op. cit., p. 349.

（20） 第一次世界大戦については，A.J.P. Taylor, *The First World War: An Illustrated History* (London: Hamish Hamilton, 1963)（A・J・P・テイラー『第一次世界大戦』倉田稔訳，新評社，一九八〇年）; John Terraine, *To Win a War: 1918, the Year of Victory* (London: Sidwick & Jackson, 1978); John Terraine, *The Smoke and the Fire: Myths & Anti-Myths of War 1861-1945* (London: Sidwick & Jackson, 1980); Niall Ferguson, *The Pity of War* (London: Penguin Press, 1998); David G. Herrmann, *The Arming of Europe and the Making of the First World War* (Princeton: Princeton University Press, 1996); Hew Strachan, ed., *The Oxford Illustrated History of the First World War* (Oxford: Oxford University Press, 1998); John Keegan, The First World War (London: Hutchinson, 1998); Brian Bond, *War and Society in Europe*, 1870-1970 (London: Fontana Press, 1884), pp. 72-134 を参照。

（21） Craig, op. cit., p. 353. なお，デルブリュックによればペリクレス（Pericles）は「消耗戦略」を用いた代表的人物のひとりであり，「殲滅戦略」の代表であるクレヨン（Cleon）と好対照であるとされる。

（22） Martin van Creveld, *The Transformation of War* (New York: The Free Press, 1991), p. 218.

（23）エドワード・ハレット・カー『危機の二十年―一九一九～一九三九』井上茂訳、岩波文庫、一九九六年を参照。

（24）詳しくは、John Keegan, *A History of Warfare* (New York: Hutchinson, 1993)（ジョン・キーガン『戦略の歴史』遠藤利国訳、心交社、一九九七年）を参照。また、同氏の *War and Our World* (London: Hutchinson, 1998) にも同様の指摘が見られる。

（25）Keegan, *A History of Warfare*, pp. 15-6, 22. キーガンのクラウゼヴィッツ批判については、C. Bassford, "John Keegan and The Grand Old Tradition of Trashing Clausewitz," *War in History*, vol. 1, no. 3 (November 1994) に詳しい。

（26）Creveld, *The Transformation of War*, pp. 49-57.

（27）Martin van Creveld, "What is Wrong with Clausewitz?" in Gert de Nooy, ed., *The Clausewitzian Dictum and The Future of Western Military Strategy* (Hague: Kluwer Law International, 1997), p. 18.

（28）Creveld, "What is Wrong with Clausewitz?" p. 19.

（29）『戦争論』で用いられているドイツ語の "*Politik*" には、少なくとも政治、政策、そして外交と三つの含意があるので、クラウゼヴィッツの意図を読み取りながら訳出する必要があろう。

（30）Creveld, "What is Wrong with Clausewitz?" pp. 19-20.

（31）Creveld, *The Transformation of War*, p. 191.

（32）Jan Geert Siccama, "Clausewitz, Van Creveld and the Lack of a Balanced Theory of War," in Nooy ed., *op. cit.*, p. 32.

（33）トゥキュディデス『戦史』久保正彰訳（村川堅太郎編『ヘロドトス・トゥキュディデス』中央公論社、一九八〇年）を参照。最近では、ケーガンがこの「恐怖」「名誉」「利益」に注目して戦争の起源を論じている。詳しくは、Donald Kagan, *On the Origins of War and the Preservation of Peace* (New York: Doubleday, 1995); Donald Kagan, "Honor, Interest, and the Nation-State," in Elliott Abrams, ed., *Honor Among Nations* (Washington DC: Ethic and Public Policy Center, 1998) を参照。

（34）クラウゼヴィッツ『戦争論』（上）六一～六三頁。

（35）石津、前掲書評を参照。また、シンプキンは、「摩擦」の概念こそ、クラウゼヴィッツが軍事思想の発展に最も貢献したものであると指摘している。詳しくは、Richard Simpkin, *Race to the Swift: Thoughts on Twenty-First Century Warfare* (London: Brassey's Press, 1985), p. 106 を参照。

（36） Bond, *The Pursuit of Victory*, p. 135.

（37） 「ドイツ統一戦争」に関する文献は多数存在するが、例えば、William H. McNeill, *The Pursuit of Power: Technology, Armed Forces, and Society since A.D. 1000*（Chicago: University of Chicago Press, 1982), pp. 223-261が簡潔かつ包括的な記述で示唆に富む。また、Hew Strachan, *European Armies and Conduct of War* (London: Unwin Hyman, 1983), pp. 108-129; Philip Howes, *The Catalytic Wars: A Study of the Development of Warfare 1860-1870*（London: Minerva Press, 1998）も参照。

（38） A.J.P. Taylor, *The Struggle for Mastery in Europe, 1848-1918*（Oxford: Oxford University Press, 1969).

（39） F.H. Hinsley, *Power and the Pursuit of Peace: Theory and Practice in the History of Relations between States*（Cambridge: Cambridge University Press, 1963); Taylor, *The First World War;* Michael Howard and Roger Louis, eds., *The Oxford History of the Twentieth Century*（Oxford: Oxford University Press, 1998), pp. 103-116; C.J. Bartlett, *Peace, War and the European Powers, 1814-1914*（London: Macmillan Press, 1996), pp. 93-176; Kalevi J. Holsti, *Peace and War: Armed Conflicts and International Order 1648-1989*（Cambridge: Cambridge University Press, 1991), pp. 138-174.

（40） Bond, *The Pursuit of Victory*, pp. 134-170.

（41） Michael Howard, "When Are Wars Decisive," *Survival*, vol. 41, no. 1（Spring 1999), p. 130.

（42） Bond, *The Pursuit of Victory*, p. 61.

（43） Howard, "When Are Wars Decisive," p. 132.

（44） 「戦間期」の国際政治に関する文献としては、前掲の Hinsley, *Power and the Pursuit of Peace*, Holsti, *Peace and War* に加え、アンソニー・ギデンズ『国民国家と暴力』松尾精文、小幡正敏訳、而立書房、一九九九年、二七一～二八〇頁を参照。

（45） 「匕首伝説」については、Wilhelm Deist, translated by E.J. Feuchtwanger, "The Military Collapse of the German

Empire: The Reality behind the Stab-in-the-Back Myth," *War in History*, vol. 3, no. 2（April 1996）を参照。第一次世界大戦の経緯を冷静に分析していたデルブリュックでさえ『プロイセン年報』の一九一八年十一月号で、「私は大きなミスを犯した。確かに、四週間前には事態が非常に悪化していたことは事実であるが、私はいかに戦線が動揺していたとしても、なおこれを維持することは可能であると考えていたし、さらには、我々の領土を守るべく停戦条件を敵側に強要することも可能であると信じていた」と回想している。

（46）第二次世界大戦の起源に関しては、A.J.P. Taylor, *Rumours of Wars*（London: Hamish Hamilton, 1952), pp. 173-210; A.J.P. Taylor, *The Second World War: An Illustrated History*（London: Rainbird, 1975)（A・J・P・テイラー『第二次世界大戦』古藤晃訳、新評社、一九八一年）を参照。

（47）Edward N. Luttwak, "Give War a Chance," *Foreign Affairs*, vol. 78, no. 4（July/August 1999）を参照。

（48）Brian Bond, *A Victory Worse than Defeat?: British Interpretations of the First World War*（London: King's College London, 1997).

（49）Bond, *The Pursuit of Victory*, p. 170.

（50）Luttwak, "Give War a Chance," p. 36.

（51）Michael Mandelbaum, "Is Major War Obsolete?" *Survival*, vol. 40, no. 4（Winter 1998-99), pp. 20-38. 同論文は、『永遠平和のために』に代表されるカント的世界観の延長線上にある。なお、戦争の将来像については、Carl Kaysen, "Is War Obsolete?: A Review Essay," *International Security*, vol. 14, no. 4（Spring 1990), pp. 42-63 が示唆に富む。

（52）"major"という用語は、日本語としては「大規模な」と訳出する方が適当なのであろうが、マンデルバウムは同論文のなかで、"large war"という用語を用いて違った種類の戦争を表現しているため、本項では敢えて「主要な」と訳出することにした。

（53）Mandelbaum, op. cit., pp. 23, 25-26.「民主主義による平和論」の代表として、Bruce M. Russett, *Grasping the Democratic Peace: Principles for a Post-Cold War World*（Princeton: Princeton University Press, 1993)（ブルース・ラセット『パクス・デモクラティア―冷戦後世界への原理』鴨武彦訳、東京大学出版会、一九九六年）を参照。「民主主義による平和論」の思想史的背景を知るうえでは、Michael Howard, *War and the Liberal Conscience*（New Brunswick:

Rutgers University Press, 1978)（マイケル・ハワード『戦争と知識人―ルネッサンスから現代へ』奥村房夫ほか訳、原書房、一九八二年）が示唆に富む。表層的な「民主主義による平和論」と比較して、思想としてより深い「リベラルな戦争観」を代表するリデルハート（B. H. Liddell Hart）とケナン（George Kennan）に関しては、Azar Gat, *Fascist and Liberal Visions of War: Fuller, Liddell Hart, Douhet, and other Modernists* (Oxford: Clarendon Press, 1998), pp. 291-305を参照。また、加藤朗『二十一世紀の安全保障―多元的紛争管理体制を目指して』南窓社、一九九九年、七六～八一頁も参照。

(54) Eliot A. Cohen, "The 'Major' Consequences of War," in "Is Major War Obsolete? An Exchange," *Survival*, vol. 41, no. 2 (Summer 1999), pp. 143-46.

(55) フリードマンも、同様の指摘をしている。詳しくは、Lawrence Freedman, "The Changing Forms of Military Conflict," *Survival*, vol. 40, no. 4 (Winter 1998-99), p. 40を参照。

(56) Donald Kagan, "History is Full of Surprise," in "Is Major War Obsolete? An Exchange," p. 140.

(57) Kagan, "History is Full of Surprise," p. 141.

(58) また、歴史上、戦争は国家の不況対策のための究極の「公共事業」と考えられてきた事実を想起せよ。

(59) これは、第二次世界大戦の起源をめぐるテイラーの結論である。詳しくは、A.J.P. Taylor, *The Origins of the Second World War* (London: Hamish Hamilton, 1961)（A・J・P・テイラー『第二次世界大戦の起源』吉田輝夫訳、中央公論社、一九七七年）を参照。

(60) 戦争の原因論・起源論に関しては、例えば、Jeremy Black, *Why Wars Happen* (London: Reaktion Books, 1998); John G. Stoessinger, *Why Nations Go to War*, fourth edition (London: St. Martin's Press, 1985); Greg Cashman, *What Causes War? An Introduction to Theories of International Conflict* (California: Lexington Books, 1993); Arther Ferrill, *The Origins of War: From the Stone Age to Alexander The Great* (London: Thames and Hudson, 1985)（アーサー・フェリル『戦争の起源』鈴木主税、石原正毅訳、河出書房新社、一九九九年）; Geoffrey Blainey, *The Causes of War* (New York: Free Press, 1973)（ジェフリー・ブレイニー『戦争と平和の条件―近代戦争原因の史的考察』中野泰雄ほか訳、新光閣書店、一九七五年）を参照。

(61)「マンチェスター学派」の戦争観については、Edward Mead Earle, "Adam Smith, Alexander Hamilton, Friedrich List: The Economic Foundation of Military Power," in Paret, ed., *Makers of Modern Strategy*, pp. 217-261を参照。イヴァン・ブロッホ（Ivan Bloch）とノーマン・エンジェル（Norman Engell）の戦争観については、Bond, *The Pursuit of Victory*, pp. 80-103; Peter van den Dungen, "From St. Petersburg to the Hague: The Significance of Ivan Bloch for the First Hague Peace Conference,"（一九九九年二月、サンクト・ペテルブルグで開催された学術会議「戦争の将来」での発表論文）を参照。

(62) Lawrence Freedman, ed., *War* (Oxford & New York: Oxford University Press, 1994), chap. 1. また、太平洋戦争勃発に際しての、日本の知識人層の一般的反応も想起せよ。

(63) Keegan, *A History of Warfare*, pp. 386-92; Creveld, *The Transformation of War*, pp. 224-27.

(64) Howard, "When Are Wars Decisive," p. 130.

(65) Charles F. Dolan, "The Structural Turbulence of International Affairs," in "Is Major War Obsolete? An Exchange," p. 147.

(66) さらには、民主主義国家におけるマス・メディアによるプロパガンダ効果も想起せよ。いうまでもなく、プロパガンダは国家の政治体制を問わず、国民のショーヴィニズムを扇動する役割を果たしてきたのであり、例えば、戦争が勃発すれば新聞の発行部数が著しく増大することは興味深い事実である。

(67) Alvin Toffler and Heidi Toffler, *War and Anti-War* (New York: Warner Books,1993) を参照。

(68) Joseph S. Nye, Jr., and William A. Owens, "America's Information Edge," *Foreign Affairs* (March/April 1996), p. 20.

(69) Williamson Murray, "Preparing to Lose the Next War?" *Strategic Reviews* (Spring 1998) pp. 51-2.

(70) Francois Heisbourg, *The Future of Warfare* (London: Phoenix, 1997); Bevin Alexander, *The Future of Warfare* (New York: Norton & Company, 1995); Allan D. English, ed., *The Changing Face of War: Learning from History* (London: McGill-Queen's University Press, 1998); Collin S. Gray, *The American Revolution in Military Affairs: An Interim Assessment* (Camberley: Strategic & Combat Studies Institute, 1997). ただし、以上の文献は、戦争の将来像

を探るうえでは比較的有益なものであり、また、「軍事上の革命」をめぐる記述に関してもバランスがとれている部類に入るものばかりである。また、「軍事上の革命」をめぐる議論の主流となりつつある「技術至上主義」に対する痛烈な批判として、Lawrence Freedman, *The Revolution in Strategic Affairs*, Adelphi Paper 318 (London: Oxford University Press for IISS, 1998）が示唆に富む。

（71） Brian Holden Reid, *Studies in British Military Thought: Debates with Fuller & Liddell Hart* (Lincoln: University of Nebraska Press, 1998), chap. 2.

（72） Freedman, "The Changing Forms of Military Conflict," p. 45.

（73） ワッツは、筆者よりさらに踏み込んで、「摩擦」は戦争に内属するもの、すなわち、構造的なものであり、「技術」が解決できる領域のものではないとまでいい切っている。詳しくは、Barry Watts, *Clausewitzian Friction and Future War* (Washington, D.C.: Institute for National Strategic Studies, 1996）を参照。同書での、「摩擦」をめぐる第二次世界大戦の「電撃戦（*Blitzkrieg*）」と「湾岸戦争」の比較考察は非常に示唆に富む。また、情報をめぐる問題に関しては、Roberta Wohlstetter, *Pearl Harbor: Warning and Decision* (Stanford: Stanford University Press, 1962）が、真珠湾攻撃の予測をめぐる情報の限界を鋭く考察している。

（74） この問題に関しては、長尾雄一郎「第一章　戦争と国家」加藤朗、長尾雄一郎、吉崎知典、道下徳成『戦争―その展開と抑制』勁草書房、一九九七年、六〜八頁に詳しい。

（75） キーガンは有史以来の戦争の歴史を、順番に、「もてる国」に対する「もたざる国」の戦争、火薬の導入と規律ある軍隊の登場を契機とした「もたざる国」に対する「もてる国」の戦争、一八世紀の「王朝間戦争」に代表される「もてる国」対「もてる国」の戦争、そして、今日の主流となりつつある「もたざる国」対「もたざる国」の戦争といった、四つの区分に分類して考察している。詳しくは、John Keegan, "A Brief History of Warfare: Past, Present, Future"（一九九九年二月、サンクト・ペテルブルグで開催された学術会議「戦争の将来」での発表論文）を参照。

（76） Freedman, op. cit., p. 41.

（77） Edward N. Luttwak, "Toward Post-Heroic Warfare," *Foreign Affairs*, vol. 74, no. 3 (May/June 1995); Edward N. Luttwak, "A Post-Heroic Military Policy," *Foreign Affairs*, vol. 75, no. 4 (July/August 1996); Edward N. Luttwak,

"From Vietnam to Desert Fox: Civil-Military Relations in Modern Democracies," *Survival*, vol.41, no.1（Spring 1999）; Edward N. Luttwak, "The End of War and the Future of Political Violence"（一九九九年二月、サンクト・ペテルブルグで開催された学術会議「戦争の将来」での発表論文）; エドワード・ルトワック「Post-Heroic Warfare（犠牲者なき戦争）とその意味」『二一世紀の戦争と平和―二〇世紀を振り返って』（平成一一年度安全保障国際シンポジウム報告書）防衛研究所、二〇〇〇年。

（78）　加藤、前掲書、七六～八一頁。

（79）　Michael Howard, "The Forgotten Dimension of Strategy," *Foreign Affairs*, vol. 57, no. 5（Summer 1979）, reprinted in Michael Howard, *The Causes of Wars and Other Essays*, second edition, enlarged（Cambridge: Harvard University Press, 1983）.

（80）　Howard, *Clausewitz*. なお、クラウゼヴィッツ批判の主なものとしては、技術の問題のほかに、『戦争論』のなかで彼が海軍戦略や戦争の倫理問題に言及していないことなどが挙げられている。

（81）　戦争と技術の問題については以下を参照。Kenneth Macksey, *Technology in War: The Impact of Science on Weapon Development and Modern Battle*（London: Guild Publishing, 1986）; Robert L. O'Connell, *Of Arms and Men: A History of War, Weapons and Aggression*（Oxford: Oxford University Press, 1989）; Bernard Brodie and Fawn M. Brodie, *From Crossbow to H-Bomb: The Evolution of the Weapons and Tactics of Warfare*, revised and enlarged edition（Bloomington: Indiana University Press, 1973）; J.F.C. Fuller, *Armament & History: The Influence of Armament on History from the Dawn of Classical Warfare to the End of the Second World War*（New York: Da Capo Press, 1945）; Steven Ross, *From Flintlock to Rifle: Infantry Tactics, 1740-1866*（London: Associated University Press, 1979）; Trevor N. Dupuy, *The Evolution of Weapons and Warfare*（New York: Da Capo Press, 1984）; Martin van Creveld, *Technology and War: From 2000 B.C. to the Present*（London: Brassey's Press, 1991）. また、道下徳成「第四章　戦争と技術」加藤、長尾、吉崎、道下、前掲書、七八～一二一頁、バート・S・ホール『火器の誕生とヨーロッパの戦争』市場泰男訳、平凡社、一九九九年も示唆に富む。

（82）　Geoffrey Best, "Peace Conferences and the Century of Total War: The 1899 Hague Conference and What Came

After," *International Affairs*, vol. 75, no. 3 (July 1999).

（83）その最も象徴的なものが、一九世紀の終わり、一八九九年の「ハーグ会議」であろう。詳しくは、Dungen, op. cit. を参照。

（84）Michael Howard, "Europe on the Eve of the First World War," and "Ideology and International Relations," in Howard, *The Lessons of History* (Oxford: Clarendon Press, 1991).

（85）Kagan, "History is Full of Surprise," in "Is Major War Obsolete? An Exchange," p. 140.

（86）Tomoyuki Ishizu, "Japan's Grand Strategy in East Asia: Lessons from Britain," in Okazaki Institute, ed., *Proceedings of the Tokyo Conference on the Restructuring the U.S.- Japan Security Relations* (Tokyo: Okazaki Institute, 1997), vol. 5; Tomoyuki Ishizu, "'The Japanese Way in Warfare': Japan's Grand Strategy for the 21st Century," *Korean Journal of Defense Analysis* (Summer 2000).

（87）David French, *The British Way in Warfare 1688-2000* (London: Unwin Hyman, 1990). また、石津朋之「リデルハート―その軍事戦略と政治思想」『防衛研究所紀要』第二巻第三号（一九九九年十二月）も参照。ここで意味する「英国流の戦争方法」とは、「海洋戦略（Maritime Strategy）」と「大陸関与（Continental Commitment）」を統合したものである。

（88）「米国流の戦争方法」に関しては、Russell Frank Weigley, *The American Way of War: A History of United States Military Strategy and Policy* (Indiana: Indiana University Press, 1978) を参照。

第二章

（1）クラウゼヴィッツ『戦争論』（上）篠田英雄訳、岩波文庫、一九六八年、六一～六二頁。篠田訳では次のように記されている。「戦争という現象を全般的に考察すると、戦争に含まれている三通りの主要な傾向に応じて、奇妙な三重性を帯びているのである。第一に、戦争の本領は原始的な強力行為にあり、この強力行為は、殆ど盲目的な自然的本能とさえいえるほどの憎悪と敵意とを伴っている、…第二に、戦争は確からしさと偶然との糾う博戯であり、またこのような性質が戦争を将帥の自由な心的活動たらしめる、…第三に、戦争は政治の道具であるという従属的性質を帯びるものであるが、しかしまたかかる性質によって戦争は、もっぱら打算を事とする知力の仕事になる…。このような三重性のうち、第一の面は主として国民に帰する。また第二の面は概ね将帥とその軍に帰し、さらに第三の面はもっぱら政府に帰するのである」。国民に帰する憎悪と敵意、軍に帰する自由な心的活動、政府に帰する政治的知性が戦争の三つの側面をなし、これらが深く関連して戦争という現象が展開される。クラウゼヴィッツのこのような議論を「三重構造体論」と呼ぶことも「三位一体論」と呼ぶことも可能であると考えられる。すなわち、憎悪と敵意、自由な心的活動、政治的知性という事象に注目し、これらの三つの事象が渾然一体となって戦争が展開されるという観点から見ると、三位一体論と呼ぶことが適切である。他方、国民、軍隊、政府のそれぞれの主体に注目し、主体の責任を重視する観点から、本章では三重構造体論と呼ぶこととする。責任論議において、「一体」という言葉は責任の所在を曖昧にする恐れがあるので不適切である。

（2）戦争とは政治目的実現のための手段であるとのクラウゼヴィッツの命題が規範的なものであるのは、現実には国民国家の戦う戦争が激烈なものに上昇し、やがて当初の政治目的すら忘れられる傾向が強いからである。そうなる原因として国民国家の戦争では国民的憎悪を伴わないものはめったにないからである。クラウゼヴィッツは「政府」「軍隊」「国民」のうち、激情を「国民」に帰している。同右、六二、一六五頁。

（3）マックス・ウェーバー『職業としての政治』脇圭平訳、岩波文庫、一九八〇年、九頁。

（4）「傭兵」の定義として国際的に承認されているものとして、一九九七年の「国際的武力紛争の犠牲者の保護に関する追加的議定書（第一議定書）」第四七条の規定がある。この規定によると、一般通念上、傭兵と考えられているイギリス軍のグルカ兵やフランス軍の外人部隊は「傭兵」には該当しない。この定義は傭兵を捕虜として扱わないための条件を明確にすることを目的としたものであるため、傭兵に関する一般通念と齟齬をきたすのである。

（5）三十年戦争とワレンシュタインについては次を参照。Geoffrey Parker, ed., *The Thirty Years War* (London: Routledge, 1984), pp. 86-110, 117-118, 119-129, and 175-183.

（6）Janice E. Thomson, *Mercenaries, Pirates, and Sovereigns: State-Building and Extraterritorial Violence in Early Modern Europe* (Princeton, NJ: Princeton University Press, 1994), pp. 70-71.

（7）ピーター・パレット編『現代戦略思想の系譜―マキャヴェリから核時代まで』防衛大学校「戦争・戦略の変遷」研究会

訳、ダイヤモンド社、一九八九年、一三頁。

（8） Thomson, *op. cit.*, p. 29.

（9） *Ibid*, p. 23.

（10） *Ibid*, pp. 23-24.

（11） *Ibid*, pp. 62 and 65.

（12） *Ibid*, p. 118.

（13） *Ibid*, pp. 70-75.

（14） *Ibid*, p. 77-79.

（15） *Ibid*, pp. 57-59.

（16） *Ibid*, pp. 97-105.

（17） アンソニー・ギデンズ『国民国家と暴力』松尾精文・小幡正敏訳、而立書房、一九九九年、二〇〇～二二七頁。

（18） Thomson, *op. cit.*, p. 119.

（19） 二〇世紀において、国軍以外の形態の軍隊として重要なものに、赤軍、紅軍、ナチ突撃隊、ナチ親衛隊が挙げられるが、これらはいずれも党の武装集団であり（赤軍と紅軍は共産党の軍、突撃隊と親衛隊はナチ党の軍）、党による国家権力奪取のための武装勢力であり、本質的には党の支配権力基盤を獲得・維持・強化するための役割を担った。国家権力奪取後にあって、赤軍（ソ連軍）、紅軍（人民解放軍）は対外防衛の任に当たることになったが、国家と党支配とが事実上、一体化していたことから、党の支配権力基盤の維持・強化のための軍と見なすべきであろう。二〇世紀が終了する現在の地点から見ると、赤軍や突撃隊といった軍も結局、マージナルな存在であったといえよう。

（20） Martin van Creveld, *The Rise and Decline of the State* (Cambridge, UK: Cambridge University Press, 1999), pp. 336-414.

（21） Martin van Creveld, *The Transformation of War* (New York: The Free Press, 1991), p. 193.

（22） Creveld, *The Transformation of War*, p. 225.

（23） 新しいタイプの傭兵会社に関する調査報告や記事、研究は九〇年代後半に急増している。著者が入手したものとして例えば、次のものが挙げられる。新聞などの記事としては、Ken Silverstein, "Privatizing War: How affairs of state are outsourced to corporations beyond public control," *The Nation*, July 27-August 4, 1997; Tim Spicer, "Why we can help where governments fear to tread," *The Sunday Times*, May 24, 1998; Sam Kiley, "Send in the mercenaries, Cook," *The Times*, January 22, 1999; and Tim Spicer, "We don't operate in the shadows," *The Daily Telegraph*, December 3, 1999 などがある。国連報告では、*Report on the question of the use of mercenaries as a means of violating human rights and impeding the exercise of the right of peoples to self-determination*, submitted by Enrique Bernales Ballesteros, Special Rapporteur, pursuant to Commission resolution 1995/5 and Economic and Council resolution 1995/254 (Commission on Human Right, Fifty-second session, 17 January 1996) がある。論考としては、David Isenberg, "Soldiers of Fortune Ltd.: A Profile of Today's Private Sector Corporate Mercenary Firms," *Center for Defense Information Monograph* (WashingtonD.C: Center for Defense Information, November 1997); David Isenberg, "Have Lawyer, Accountant, and Guns, Will Fight: The New Post-Cold War Mercenaries," A paper prepared for the *Getting Guns Off the Streets of the Global Village* panel of the International Studies Association Convention, February 19, 1999, Omni Shoreham Hotel, Washington, D.C.; David Shearer, "Private Armies and Military Intervention," *Adelphi Paper* 316 (Oxford: Oxford University Press, 1998) などがある。

(24) ギデンズ、前掲書、三二二、三三三頁。

(25) 同右、三二一～三二八、三三二～三三三頁。

(26) 同右、二二頁。

(27) 同右、二五六～二九一、三三二、三五七頁。

(28) Hendrik Spruyt, *The Sovereign State and Its Competitors* (Princeton, NJ: Princeton University Press, 1994),

(29) *Ibid.*, pp. 167-171.

(30) *Ibid.*, pp. 172-178.

(31) 新たな政治的秩序形態を法的に構成しようとする試みとして、カール・シュミットの「グロース・ラウム」の議論がある。カール・シュミット「域外列強の干渉禁止を伴う国際法的広域秩序―国際法上のライヒ概念への寄与」服部平治・宮本盛太郎・岡田泉・初宿正典訳『ナチスとシュミット』木鐸社、一九七六年。また、ＥＵは新たな政治的秩序形態となり得る潜在性をもつが、実際のところは将来に待たなければならない。

（32）エドワード・ルトワック「Post-Heroic Warfare（犠牲者なき戦争）とその意味」『二一世紀の戦争と平和―二〇世紀を振り返って』（平成一一年度安全保障国際シンポジウム報告書）防衛研究所、二〇〇〇年、五二頁。なお、この報告書は国立国会図書館を始め、全国の主要県立図書館で閲覧することができる。

（33）デルブリュックについては、パレット、前掲書、二九一～三一三頁。また、時代によって戦争の争点、動機、決定、戦争によって得る利益などが大きく異なることを平明に説いた著書として次を参照。Evan Luard, *War in International Society: A Study in International Sociology* (New Haven: Yale University Press, 1986).

（34）田中明彦『新しい「中世」―二一世紀の世界システム』日本経済新聞社、一九九六年。

（35）最近の史学においても、絶対王政において、国王は中間団体の特権を奪って国王大権を強化したのではなく、むしろ、さまざまな中間団体を介在させてその垂直的支配を貫徹しようとしたものと考えられるようになった。柴田三千雄『近代世界と民衆運動』岩波書店、一九八三年。

第三章

（1）クラウゼヴィッツ『戦争論』（上）篠田英雄訳、岩波文庫、一九六八年、六一～六二頁。

（2）レイモン・アロン『戦争を考える―クラウゼヴィッツと現代の戦略』佐藤毅夫、中村五雄訳、政治広報センター、一九七八年、五八―七二頁。

（3）Samuel P. Huntington, "Civil-Military Relations," Davis L. Sills, ed., *International Encyclopedia of the Social Sciences*, vol. 2 (Wilmore, KY: The Macmillan Company & The Free Press, 1968), p. 487.

（4）ここでの議論はガブリエル・アーモンドらの構造＝機能論に基づくものである。アーモンドの著作としては、Gabriel A. Almond and James S. Coleman, *The Politics of Developing Areas* (Princeton: Princeton University Press, 1960); and Gabriel A. Almond and G. B. Powell, *Comparative Politics: A Developing Approach* (Boston: Little, Brown and

Company, 1966).

（5）サミュエル・P・ハンチントン『変革期社会の政治秩序』（下）内山秀夫訳、サイマル出版会、一九七二年、二〇五―二七三頁。衛兵主義にかんする全体的概観については、Amos Perlmutter and Valerie Plave Bennett, *The Political Influence of the Military: A Comparative Reader* (New Haven: Yale University Press, 1980).

（6）イーストンの政治システム論については、D・イーストン『政治分析の基礎』岡村忠夫訳、みすず書房、一九六八年。

（7）英国の歴史家ホブズボーム（E. J. Hobsbawm）は、三〇年代日本軍部について同様の洞察を示している。E・J・ホブズボーム『反乱と革命　同時代的論集Ⅱ』斉藤孝、木畑洋一訳、未来社、一九七九年、三九頁。

（8）戦間期、とくにナチ時代におけるドイツ国防軍については、ジョン・ウィーラー＝ベネット『権力のネメシス―国防軍とヒトラー』山口定訳、みすず書房、一九八四年を参照。

（9）ホブズボームも歴史家としての立場から同様の見解をもつ。ホブズボーム、前掲書、四三～四八頁。

（10）同右、三一頁。

（11）リベラリズムとデモクラシーについて簡明な説明を与える書物として、阿部斉『デモクラシーの論理』中公新書、一九七三年を挙げることができる。また、阿部斉『概説現代政治の理論』東京大学出版会、一九九一年、第七章も参照。

（12）ウィーラー＝ベネット、前掲書、三二五～三二八頁。

（13）河合秀一「戦後イギリスの政治」中木康夫・河合秀一・山口定『現代西ヨーロッパ政治史』有斐閣、一九九〇年、八四頁。

（14）G・M・トレヴェリアン『イギリス史　三』大野真弓監訳、みすず書房、一九七五年、七頁。

（15）Huntington, *op. cit.*, p. 492.

（16）軍と議会との関係に関する最近の著書として次を参照。Stephen K. Scroggs, *Army Relations with Congress: Thick Armor, Dull Sword, Slow Horse* (West Port, CT: Praeger, 2000).

（17）英米両国のシビリアン・コントロールの相違が戦争に与えた影響については、Deborah D. Avant, *Political Institutions and Military Change: Lessons from Peripheral Wars* (Ithaca, NW: Cornell University Press, 1994).

（18）Douglas L. Bland, "A Unified Theory of Civil-Military Relations," *Armed Forces & Society*, vol. 26, no. 1 (Fall 1999),

p. 7.

（19）近年のアメリカにおける政軍関係に関する議論として次を参照。Richard H. Kohn, "Out of Control: The Crisis in Civil-Military Relations," *The National Interest*, no. 35（Spring 1994）, pp. 3-17; Colin Powell, John Lehman, William Odom, Samuel Huntington, and Richard H. Kohn, "Exchange on Civil-Military Relations," *The National Interest*, no. 36（Summer 1994）, pp. 23-31; Charles J. Dunlap, Jr., "The Origins of the American Military Coup of 2012," *Parameters*, vol. 22, no. 4（Winter 1992-1993）, pp. 2-20; and Charles J. Dunlap, Jr., "Melancholy Reunion: A Report from the Future on the Collapse of Civil-Military Relations in the United States," *Airpower Journal*, vol. 10, no. 4（Winter 1996）, pp. 93-109.

（20）規律なき軍隊については、Charles H. Fairbanks, Jr., "The Postcommunist Wars," in Larry Diamond and Marc F. Plattner, eds., *Civil-Military Relations and Democracy*（Baltimore: The Johns Hopkins University Press, 1996）, pp. 134-150 を見よ。

（21）Michael Howard, *Soldiers and Governments: Nine Studies in Civil-Military Relations*（London: Eyre & Spottiswoode, 1957）, p. 12.

（22）Bland, *op. cit.*, pp. 15-20.

（23）エドワード・ルトワック「Post-Heroic Warfare（犠牲者なき戦争）とその意味」『二一世紀の戦争と平和—二〇世紀を振り返って』（平成一一年度安全保障国際シンポジウム報告書）防衛研究所、二〇〇〇年、四〇～五四頁。

（24）同右、四八～四九頁。

（25）アロン、前掲書、五八頁。

第四章

（1）本章は、次の二つの拙稿を大幅に加筆、改訂したものである。「新たな兵器と新たな倫理—コンクリ爆弾の意味」『新防衛論集』第二七巻第四号（二〇〇〇年三月）三九～五六頁、「第二部第四章　二一世紀の安全保障に対するＲＭＡの影響」

『わが国周辺の兵器及び兵器関連技術の移転・拡散に関する調査』財団法人　平和・安全保障研究所、平成一二年三月、二一七四～二一九四頁。

（2）兵器の分類や発達の歴史については、以下を参照。斎藤利生『武器史概説』学献社、一九八七年。

（3）兵器と倫理については、以下で簡単に取り上げたことがある。拙稿「第五章　戦争と倫理」加藤朗、長尾雄一郎、吉崎知典、道下徳成『戦争』勁草書房、一九九七年、一六〇～一六四頁。

（4）拙稿「マルチメディア時代の軍事技術の極限化と国家の存続」日本国際政治学会編『国際政治』第一一三号、一九九六年一二月。この問題に関する議論については、本書第二章を参照。

（5）電脳戦と呼ぶかあるいは情報戦と呼ぶかは別にして、コンピュータのソフトウェアが兵器となりうることはコンピュータが普及するにつれ次第に認識されるようになっていた。例えば、市田良彦・丹生谷貴志・上野俊哉・田崎英明・藤井雅実『戦争』新曜社、一九八九年、一八〇～一八一頁。筆者もコンピュータ・ソフトウェアがテロの重要な手段となることを以下で指摘した。拙著『現代戦争論』中公新書、一九九三年、一五五～一六八頁。最近になって情報技術革命が進行すると、とりわけ情報技術革命先進国の米国で電脳戦争に対する関心が高まった。米国政府は一九九八年五月にＰＤＤ（大統領決定指令）63を公布して以来、電脳戦に対する取り組みを本格化させた。二〇〇〇年一月には総額二〇億ドルに及ぶ、以下の電脳防衛計画を発表した。The White House, *National Plan for Information Systems Protection*, 2000. またほかにも政府機関や研究機関から多くの報告書が公表されているが、代表的なものに以下がある。CSIS: Global Organized Crime Project, *Cybercrime...Cyberterrorism...Cyberwarfare* (Washington, D.C.: CSIS, 1998). 電脳戦に関する代表的な著作には、以下がある。Alan D. Campen, Douglous H. Dearth and R. Thomas Gooden, eds., *Cyberwar, Security, Strategy and Conflict in the Information Age* (Fairfax, Virginia: AFCEA International Press, 1996); Roger C. Molander, Andrew S. Riddle, Peter A. Wilson, *Strategic Information Warfare: A New Face of War* (Santa Monica Ca.: RAND, 1996); John Arquilla and David Ronfeldt, *The Advent of Netwar* (Santa Monica Ca.: RAND, 1996).

（6）軍事技術の発達の歴史は以下に詳しい。Trevor N. Dupuy, *The Evolution of Weapons and Warfare* (New York: A Da Capo paperback, 1984).

（7）電脳戦の戦術については、以下に詳しい。Dorothy E. Denning, *Information Warfare and Security* (Massachusetts:

Addison-Wesley, 1999).

（8）電脳戦の様相がどのようになるかは以下がドキュメンタリー風に描いている。ジェイムズ・アダムズ『二一世紀の戦争』伊佐木圭訳、日本経済新聞社、一九九九年。

（9）クラッキング対策について、以下が詳細に論じている。Donn B. Parker, *Fighting Computer Crime* (New York: John Wiley & Sons, Inc., 1998).

（10）実際、官による電脳防衛では技術的、組織的にもハッカーに対応することが困難なため、米国ではＣＩＡをはじめ政府が民間に電脳防衛を委託し、「サイバー民兵」を養成している。『日本経済新聞』二〇〇〇年二月一五日。

（11）クラウゼヴィッツ『戦争論』（上）篠田英雄訳、岩波文庫、一九六八年、三二頁。

（12）精密誘導兵器について、その戦略的役割、技術的発展の状況、開発・取得の方法など、多岐にわたって長所や短所を分析した報告書に以下がある。John Biker, Myron Hura and et al., *A Framework for Precision Conventional Strike in Post-Cold War Military Strategy* (Santa Monica, CA.: RAND, 1996).

（13）クラウゼヴィッツの絶対戦争は殲滅戦争のことと理解すべきである。勝者も敗者もない戦争をクラウゼヴィッツは想定していたわけではない。

（14）クラウゼヴィッツ、前掲書、二九頁。

（15）第五世代に至るコンピュータの発展の歴史については、以下が簡略にまとめている。Ｇ・Ｌ・サイモンズ『知能コンピュータ』飯塚肇、諏訪基訳、岩波書店、一九八四年、「一　背景」。

（16）クラウゼヴィッツ、前掲書、二九〜三〇頁。

（17）Ｒ・カイヨワ『戦争論』秋枝茂夫訳、法政大学出版局、一九九四年、六六頁。

（18）ジョン・エリス『機関銃の社会史』越智道雄訳、平凡社、一九九三年。特に第二章「産業化された戦争」、第三章「士官と紳士」を参照。

（19）エリス、同右、特に第四章「植民地の拡大」を参照。

（20）核兵器裁判については以下を参照。ＮＨＫ広島核平和プロジェクト『核兵器裁判』ＮＨＫ出版、一九九七年。

（21）詳しくは以下を参照。Michael Walzer, *Just and Unjust Wars, second edition* (New York: Basic Books, 1992), chap. 16.

(22) ホフマンがウォルツァーを批判しながら、この問題について論じている。Stanley Hoffmann, *Duties beyond Borders* (Syracuse: Syracuse University Press, 1981), pp. 78-80.
(23) 一八歳未満の少年兵は一律に禁止することを北欧諸国や国連人権諸機関は主張している。『朝日新聞』二〇〇〇年一月一四日。
(24) 船橋洋一「日本@世界」『朝日新聞』一九九九年六月一七日。
(25) 同右。
(26) クラウゼヴィッツ、前掲書、二八頁。
(27) 典型的な例がソニーのゲーム機「プレイステーション2」である。グラフィック画像の処理能力やメモリーカードが高性能でミサイルの誘導装置に転用可能なため、「通常兵器関連汎用品」に指定され、海外持ち出しが規制された。『朝日新聞』二〇〇〇年四月一五日（夕刊）。
(28) 村山は米国の現在の技術的な軍拡の背景を次のように述べている。現在は民生技術のレベルが軍事技術のそれを凌駕しているために、各国が競って民生技術を軍事に転用し、米国に対抗する恐れが出てきた。このような事態を未然に防ぐために、米国は他国に先んじて情報技術で圧倒的な優位を維持しなければならない。村山祐三『テクノシステム転換の戦略』NHKブックス、二〇〇〇年、二〇四頁。
(29) ジョゼフ・S・ナイ、ウィリアム・オーエンス「情報革命と新安全保障秩序」『新脅威時代の「安全保障」』中央公論社、一九九六年、四八〜四九頁。
(30) 同右、四六頁。
(31) 同右、四七頁。
(32) 米国とNATOの欧州諸国との間には、情報技術に基づく最新兵器の開発、生産、運用で格差が生じつつある。もし、両者間の格差を埋めようとするなら、両者の一体化はますます進まざるを得ないであろう。しかも、それは現在の両者の技術格差をみる限り、米国主導とならざるを得ず、必然的に米国の一極支配を促進することになると思われる。米国と欧州諸国との情報技術やRMAにおける格差については以下に詳しい。David C. Gompert, Richard L. Kugler, and Martin C. Libicki, *Mind the Gap: Promoting A Transatlantic Revolution in Military Affairs* (Washington, D.C.: National

Defense University Press, 1999).

（33）マイケル・G・ヴィッカーズ「RMA（軍事上の革命）の胎動」『新防衛論集』第二六巻第一号（一九九八年六月）八六頁。

（34）National Defense Panel, *Transformation Defense: National Security in the 21st Century* (Arlington, Va.: December 1997), pp. 35 and 46.

（35）Michael O'Hanlon, *Technological Change and the Future of Warfare* (Washington, D.C.: Brookings Institution Press, 2000), p. 1.

（36）ソ連体制の崩壊は、より正確にはグラスノスチのほかに、経済改革と民主化のあわせて三本柱からなるペレストロイカによって引き起こされた。詳しくは以下を参照。D・M・コッツ、F・ウィア『上からの革命』角田安正訳、新評論、二〇〇〇年。

（37）ただし、グレナダ、パナマ、ハイチなど、歴史的に米国の裏庭といわれ米国の国益に直接関係する地域でのLICに対しては、米国はこれまでのところ犠牲を厭わず断固たる対応をとっている。

（38）カイヨワ、前掲書、二三〜三一頁。

（39）同右、二三頁。

（40）同右、六二頁。

（41）同右、一二八頁。

（42）同右、一九〇頁。

（43）クラウゼヴィッツ、前掲書、二九〜三二頁。

（44）冷戦後世界の紛争については以下の拙論を参照。拙論「脱冷戦後世界の紛争」加藤朗編『脱冷戦後世界の紛争』南窓社、一九九八年。また、戦争は時代遅れと主張する代表的な著作に以下がある。John Muller, *Retreat from Doomsday* (New York: Basic Books, 1988). 最近では「非好戦化（debellicisation）」という概念を用いながら、主要国間の戦争の可能性が低くなっていることを以下が論じている。Michael Mandelbaum, "Is Major War Obsolete,?" *Survival*, vol.40, no.4 (Winter 1998-99). また民主主義国家は戦争をしないとの仮説、いわゆる「デモクラティック・ピース」の議論が盛んである。以下に賛成派、反対派の論文が所収されている。Michael E. Brown, Sean M. Lynn-Jones, and Steven E. Miller, eds., *Debating the Democratic Peace* (Cambridge, Mass.: The MIT Press, 1996).

（45） Karl W. Deutsch, *Political Community at International Level* (New York: Doubleday & Company, 1954), p. 41.

（46） Andrew F. Krepinevich, "Cavalry to Computer," *The National Interest*, Fall 1994.

第五章

*本章に示された見解はすべて筆者個人のものである。本章の執筆にあたり、岩本誠吾、高橋杉雄、宮坂直史の各氏から多くの貴重な示唆を頂いたことに感謝したい。

（1） ここでいう「政治」とはクラウゼヴィッツのいうところの「政治」であり、意味合いとしては政策あるいは外交に近いものである。詳しくは第一章を参照せよ。

（2） Lawrence J. Korb, "The Use of Force," *The Brookings Review*, vol. 15, no. 2 (Spring 1997), p. 24.

（3） 例えば、オルブライトは、「武力による威嚇を背景にしているため、我々の外交は以前より強力なものになっている。このように武力と外交はお互いに補完しあっている」と述べている。Secretary of State Madeleine K. Albright, Remarks to the American Legion Convention, New Orleans, Louisiana, September 9, 1998, available at http://secretary.state.gov/www/statements/1998/980909.html.

（4） Julian S. Corbett, *Some Principles of Maritime Strategy* (Annapolis, Maryland: Naval Institute Press, 1988), pp. 3-11.

（5） *Ibid.*, p. 10.

（6） Carl von Clausewitz, *On War*, edited and translated by Michael Howard and Peter Paret, indexed edition (Princeton, New Jersey: Princeton University Press, 1984), p. 579.

（7） *Ibid.*, pp. 87 and 605-610.

（8） Peter Paret, *Understanding War: Essays on Clausewitz and the History of Military Power* (Princeton, New Jersey:

Princeton University Press, 1992), p. 169; and Peter Paret, "Clausewitz," in Peter Paret, ed., *Makers of Modern Strategy: from Machiavelli to the Nuclear Age* (Princeton, New Jersey: Princeton University Press, 1986), pp. 209-210. コルベットも同様のことを述べている。Corbett, *op. cit.*, p. 42.

（9） ルトワックも同様の分類をしているが、彼は「抑止的（deterrent）」「支援的（supportive）」「強制的（coercive）」の3つに分類している。Edward N. Luttwak, *The Political Uses of Sea Power*, Studies in International Affairs, no. 23, The Washington Center of Foreign Policy Research of the Johns Hopkins University, School of Advance International Studies (Baltimore: Johns Hopkins University Press, 1974), pp. 3-38.

（10） Michael Sheehan, *The Balance of Power: History and Theory* (London: Routledge, 1996), pp. 15-23.

（11） ロスゲブは、他国に対して影響力を行使する手段として、①説得（政治・心理的資源）、②買収（経済的資源など）、③脅迫（軍事的資源など）を挙げている。John M. Rothgeb, Jr., *Defining Power: Influence and Force in the Contemporary International System* (New York: St Martin's Press, 1993), pp. 92-132.

（12） フリードマンは、「一国がその意志を完全なかたちで強制することができるのは、当該国が物理的な支配（physical dominance）を確立した場合だけである」と述べている。Lawrence Freedman, "Strategic Studies and the Problem of Power," in Lawrence Freedman, Paul Hayes, and Robert O'Neill, eds., *War, Strategy and International Politics: Essays in Honour of Sir Michael Howard* (Oxford: Clarendon Press, 1992), p. 287.

（13） Lawrence Freedman, "Strategic Coercion," in Lawrence Freedman, ed., *Strategic Coercion: Concepts and Cases* (Oxford: Oxford University Press, 1998), pp. 16-17.

（14） この用語の定義については次を参照せよ。*Ibid.*, pp. 15-36.

（15） Thomas C. Schelling, *Arms and Influence* (New Haven: Yale University Press, 1966), p. 4.

（16） Michael Howard, "When Are Wars Decisive," *Survival*, vol. 41, no. 1 (Spring 1999), p.130.

（17） Lawrence Freedman, "Terrorism and Strategy," in Lawrence Freedman, Christopher Hill, Adam Roberts, R.J. Vincent, Paul Wilkinson, and Philip Windsor, *Terrorism and International Order*, Chatham House Special Paper (London: Routledge & Kegan Paul, 1986), p. 56.

（18） Michael R. Gordon and Bernard E. Trainor, *The Generals' War: The Inside Story of the Conflict in the Gulf* (Boston: Little Brown, 1995), pp. 178-180.

（19） Geoffrey Blainey, *The Causes of War*, third edition (New York: The Free Press, 1988), p. 122. ローレンス・フリードマン「武力行使」吉崎知典訳『新防衛論集』第二四巻第三号（一九九六年一二月）二頁。ただし、現実の政策決定においては、こうした理論からの逸脱が発生する。この問題については、Fred Charles Iklé, *Every War Must End* (New York: Columbia University Press, 1971) を参照せよ。

（20） Howard, op. cit., pp. 128-129.

（21） Gary Schaub, Jr., "Compellence: Resuscitating the Concept," in Freedman, ed., *Strategic Coercion*, p. 44.

（22） Freedman, "Strategic Coercion," p. 19.

（23） 強制指向の軍事力使用を強要に含める定義もあるが、直接的軍事力行使と間接的軍事力の使用を分類することは理論的に重要であるため、ここでは、強要を間接的な軍事力の使用を手段とするものに限定する。例えばロスゲブは、イラクのクウェート侵攻を強要の例として挙げている。Rothgeb, *op. cit.*, p. 139.

（24） ジョージは、強要を二種類に分類し、①を攻撃的な「恐喝（blackmail）戦略」、②を防衛的な「強制外交（coercive diplomacy）」と名付けている。Alexander L. George, "Coercive Diplomacy: Definition and Characteristics," in Alexander L. George and William E. Simons, eds., *The Limits of Coercive Diplomacy*, second edition (Boulder: Westview Press, 1994), p. 7. しかし、ジョージの定義には、前者は悪で、後者は善という価値判断が色濃く反映されており、客観的な分析の枠組みとしては不適切である。Freedman, "Strategic Coercion," p. 18 and p. 328 (note 41).

（25） 道下徳成「朝鮮半島における大量破壊兵器問題」納家政嗣・梅本哲也編『大量破壊兵器不拡散の国際政治学』有信堂高文社、二〇〇〇年、二〇二頁。

（26） Richard Herrmann, "Coercive Diplomacy and the Crisis over Kuwait, 1990-1991," in George and Simons, eds., *The Limits of Coercive Diplomacy*, pp. 239-254; and Peter Viggo Jakobsen, *Western Use of Coercive Diplomacy After the Cold War: A Challenge for Theory and Practice* (London: Macmillan Press, 1998), pp. 50-69.

（27） Paul Huth and Bruce Russett, "Testing Deterrence Theory: Rigor Makes a Difference," *World Politics*, vol. 42, no.

4 (July 1990), p. 473.

（28） Adam Roberts, "NATO's 'Humanitarian War' over Kosovo," *Survival*, vol. 41, no. 3 (Autumn 1999), p. 118.

（29） 梅本哲也「核威嚇による化学・生物兵器の使用抑止」『海外事情』第四七巻第一一号（一九九九年一一月）七二〜七三頁。

（30） 似たような用語として、「報償（inducement）」と「保証（assurance）」があるが、これらは敵対する主体に与えるものであり、促進・制止とは異なる概念である。

（31） Schelling, *Arms and Influence*, p. 99.

（32） *Ibid.*, p. 91.

（33）「強制指向の軍事力の行使」「例示的軍事力の行使」と「武力の誇示」をどこで区別するかは微妙な問題である。例えば、発砲や交戦を伴わない敵国領域の一時的侵犯をいずれに分類するかは難しいところである。また、そもそも、この二つを区別する必要があるのかどうかという問題もある。実際、今までに提示されている定義には、これらを区別しないものが多い。しかし、ここでは、敢えて一般的に「敵国に物理的な被害をもたらしたもの」を強制指向の軍事力行使と、そうでないものを武力の誇示と区別することとする。現在までに提示されている「例示的軍事力の使用」の定義は以下の通りである。ショウブは、これを強要と攻撃（offense）の境界線付近に位置づけている。Schaub, op. cit., p. 57. ジョージは、これを「決意を明示し、必要であればより一層の軍事力が使用されるという脅迫に信頼性をもたせるために用いられる、適切、最小で、かつ十分な軍事力（の使用）（just enough force of an appropriate kind）」であるとしており、直接的な軍事力行使もこれに包含させている。George, op. cit., pp. 10-11. レプゴールドは、「限定的、例示的軍事行動（limited, exemplary military action）」という用語を用いて、これに直接的軍事力行使も含ませている。Joseph Lepgold, "Hypotheses on Vulnerability: Are Terrorists and Drug Traffickers Coerceable?" in Freedman, ed., *Strategic Coercion*, p. 139. ブレックマンとカプランは、「軍事力の政治的使用（a political use of the armed forces）」という用語を用いて、これを「一あるいはより多くの軍種のコンポーネントを用いて実行される物理的行動であり、暴力による継続的な対決を伴わないで、他国の人物の特定の行動に影響を与える、あるいは影響を与えることを目的とする、政府（national authorities）の意図的な試み」と定義している。Barry M. Blechman, Stephen S. Kaplan, et al., *Force without War: U.S.*

Armed Forces as a Political Instrument (Washington, D.C.: The Brookings Institution, 1978), p. 12.

（34）シェリングはこうした戦略を、「危機外交（crisis diplomacy）」と呼んでいる。Schelling, *Arms and Influence*, p. 33.

（35）しばしば、「他国に対するシグナリング」を目的に「例示的軍事力」が使用されるといわれるが、「シグナリング」というのは理論的に有用性の低い概念である。何故ならば、この用語は、要求が満たされなかった場合には、シグナルを発信している国家が確実に軍事力を行使する意志をもっているという印象を与えるが、現実には、シグナリングを行っておきながらも結局は武力行使を実行することに失敗するという事例がしばしばみられるからである。一般にシグナリングと呼ばれているものは、実は積極的リスク戦略の一種である。

（36）Denny Roy, "North Korea and the 'Madman' Theory," *Security Dialogue*, vol. 25, no. 3 (1994), p. 311.

（37）Thomas C. Schelling, *The Strategy of Conflict* (Cambridge, Massachusetts: Harvard University Press, 1960), p. 187.

（38）*Ibid.*, p. 189.

（39）Edward N. Luttwak, *Strategy: The Logic of War and Peace* (Cambridge, Massachusetts: The Belknap Press of Harvard University, 1987), pp. 202-203.

（40）Schelling, *The Strategy of Conflict*, p. 188. シェリングは積極的リスク戦略と消極的リスク戦略を区別していないが、これらを区別するのは有益なことであろう。

（41）こうした区別についてはルトワック、モーガン、フリードマンらが詳細に論じている。Luttwak, *The Political Uses of Sea Power*, pp. 3-38; Patrick M. Morgan, *Deterrence: A Conceptual Analysis*, vol. 40, Sage Library of Social Research (Beverly Hills, California: Sage Publications, 1977), pp. 28 and 31-43; and Lawrence Freedman, "General Deterrence and the Balance of Power," *Review of International Studies* 15 (Spring 1989). なお、リーボウとスタインは、直接的抑止を紛争管理戦略の一種（a strategy of conflict management）、一般的抑止を現存する力関係の現れ（an expression of existing power relationship）であると位置づけている。Richard Ned Lebow and Janice Gross Stein, "Beyond Deterrence," *Journal of Social Issues* 43 (1987), pp. 8 and 29, as quoted in Freedman, "General Deterrence and the Balance of Power," p. 203. 本章で提示した分類はルトワックの定義に近いものであり、抑止戦略についてのモーガンの

分類よりも広範なものである。つまり、「一般的」効果の最も極端なものは、全く敵対的関係が存在していない状況においても作用するものと定義される。

（42） こうした判断を正確に行うことのできる天性の才能をもっている人物こそ「軍事的天才」と呼ばれるのにふさわしい。クラウゼヴィッツのいう「軍事的天才」は、単なる軍人ではなく、「軍の最高司令官」であり、かつ「政治家」である。彼は次のように述べている。「戦争、あるいは戦闘を成功裏に終結に導くには、国家政策が何であるかを完全に理解していなければならない。このレベルにおいて初めて戦略と政策が一体化し、最高司令官は同時に政治家となるのである」、「最高司令官は政治家でなければならない。しかし彼は同時に将軍（general）たらねばならない。一方では、彼は政治状況を完全に把握していなければならず、他方では、彼の手元にある（筆者注：軍事的）手段をもって何を達成することができるのかを正確に理解していなければならない」。Clausewitz, *op. cit.*, pp. 111-112.

（43） Michael O'Hanlon, "Keep U.S. Forces in Korea after Reunification," *The Korean Journal of Defense Analysis*, vol. 10, no. 1 (Summer 1998), p. 7; and Michael H. Armacost and Kenneth B. Pyle, *Japan and the Unification of Korea: Challenges for U.S. Policy Coordination*, NBR Analysis, vol. 10, no. 1 (Seattle: The National Bureau of Asian Research, March 1999), pp. 7-8.

（44） Department of Defense, Office of International Security Affairs, *The United States Security Strategy for the East Asia-Pacific Region 1998*, November 1998, pp. 45-46.

（45） Lawrence Freedman, *The Evolution of Nuclear Strategy*, second edition (London: Brassey's, 1989), pp. 393-394

（46） 湾岸戦争の航空作戦計画を立案したワーデン（John A. Warden III）空軍大佐は、航空作戦の目標をダーツボードのように同心円を描く五つのカテゴリーに分類している。具体的には、中心から外に向けて、それぞれ敵の①指揮・統制・通信と政策決定能力、②工場、送電網、発電所、精油所などの軍事・経済生産能力、③橋梁、高速道路、空港、港湾などの輸送手段、④人口と食糧、⑤軍事力である。ワーデンは、敵の軍隊は、①〜④を防衛するために存在しているのであり、特に①が中心的防衛目標となっているとした。John A. Warden III, "Employing Air Power in the Twenty-first Century," in Richard H. Shultz, Jr. and Robert L. Pfaltzgraff, Jr., eds., *The Future of Air Power in the Aftermath of the Gulf War* (Maxwell Air Force Base, Alabama: Air University Press, 1992), pp. 64-69; and Gordon and Trainor, *op. cit.*, pp. 78-79.

（47） ペイプは、冷戦期の用語をそのまま利用して、軍事的強制を、拒否（denial）戦略、懲罰（punishment）戦略、断頭（decapitation）戦略に分類している。しかし、「拒否」や「懲罰」という用語は抑止戦略の説明には適切であるが、軍事的強制一般を説明するものとしては不適切である。また、ペイプは、これらの並列概念としてリスク（risk）戦略を挙げているが、これはシェリングの概念を誤用したものであろう。Robert A. Pape, *Bombing to Win: Air Power and Coercion in War* (Ithaca: Cornell University Press, 1996), pp. 58-86.

（48） シェリングは、「いったん（自国の）軍（army）が…撃滅されたら、勝利した敵は思うがままに残酷な強制力を行使することができることになる」と述べている。Schelling, *Arms and Influence*, p. 30.

（49） Luttwak, *Strategy*, p. 199.

（50） Freedman, "Strategic Coercion," p. 27.

（51） 日本の政策については、防衛庁『防衛白書　平成一一年度版』大蔵省印刷局、九〇～九四、九七頁を参照せよ。

（52） ペイプは、こうした攻撃を「軍事的断頭（military decapitation）」と名付けて、断頭戦略の一部として分類している。しかし、彼自身も、軍事的に断頭された軍は「軽微な軍事的圧力によってでも崩壊してしまう」と述べ、こうした攻撃の目的が敵軍の無力化にあることを明らかにしている。Pape, *op. cit.*, p. 80.

（53） ペイプは「政府に対する国民の反乱」をこの戦略に分類しているが、「政府に対する国民の反乱」は断頭戦略に分類されるべきであろう。*Ibid.*, p. 59.

（54） 一方、三〇年代に米陸軍航空隊戦術学校（U.S. Army's Air Corps Tactical School）が発展させた戦略爆撃理論は、現代戦の遂行を支える大量生産手段である産業の中心を破壊することによって、敵の戦争遂行能力を麻痺させるというものであった。この戦略爆撃理論は、敵の戦争遂行能力を目標にしているという点で、対価値戦略というよりも対兵力戦略に近いものであるといえよう。一般にドゥーエと三〇年代の米軍の戦略爆撃思想は同列に語られることが多いが、実際は似て非なるものであるといえる。ミッチェル（Billy Mitchell）の戦略爆撃思想は、これら二つの中間に位置するものである。Edward Warner, "Douhet, Mitchell, Seversky: Theories of Air Warfare," in Edward Mead Earle, ed., *Makers of Modern Strategy: Military Thought from Machiavelli to Hitler* (Princeton: Princeton University Press, 1943), pp. 485-

503; David MacIsaac, "Voices from the Central Blue: The Air Power Theorists," in Paret, ed., *Makers of Modern Strategy*, pp. 624-647; and Thomas A. Keaney and Eliot A. Cohen, *Gulf War Air Power Survey*, Summary Report (Washington, D.C.: U.S. Government Printing Office, 1993), p. 236 (note 5).

（55） Schelling, *Arms and Influence*, pp. 2, 7 and 15.

（56） *Ibid*., pp. 3-4.

（57） 「戦略兵器」は対価値戦略や対指導部戦略を可能にするだけでなく、前線の敵軍をスキップして、後方の軍事施設や軍事産業などを攻撃することもできる。しかし、このような攻撃は基本的には敵軍を「無力化」することを最終的な目的としているため対兵力戦略の一部であると考えるべきであろう。

（58） ただし、第二次大戦時の戦略爆撃には対兵力戦略という側面もあった。

（59） Schelling, *Arms and Influence*, p. 17.

（60） Freedman, "Strategic Coercion," p. 30.

（61） Schelling, *Arms and Influence*, p. 29. フリードマン、前掲論文、六頁。

（62） Lawrence Freedman and Efraim Karsh, *The Gulf Conflict, 1990-1991: Diplomacy and War in the New World Order* (Princeton, New Jersey: Princeton University Press, 1993), p. 325.

（63） Luttwak, *Strategy*, p. 200.

（64） この問題を包括的に検討したものとしては次の論文がある。Bruce A. Ross, "The Case for Targeting Leadership in War," *Naval War College Review*, vol. 46, no. 1, sequence 341 (Winter 1993), pp. 73-93.

（65） Pape, *op. cit*., p. 80.

（66） 二〇〇〇年六月一九日、米国務省は、それまで「ならず者国家（rogue states）」と呼んでいた国々を、今後、「懸念される国家」と呼ぶと発表した。

（67） 一方、民主主義国においては権力が分散しているため、民主主義国の指導者を暗殺したとしても同国の政策が劇的に変化する可能性は低いといえよう。

（68） ただし、当該テロ組織が「固いピラミッド型の組織」をもたず、トランスナショナルに緩く連携している場合には、テロに対する対指導部戦略の効果は限定的なものにならざるを得ないであろう。

（69） Luttwak, *Strategy*, p. 201; and Colin S. Gray, *Explorations in Strategy*（Westport, Connecticut: Praeger, 1996）, p. 33.

（70） William Pfaff, "Judging War Crimes," *Survival*, vol. 42, no. 1（Spring 2000）, p. 47.

（71） Catherine Guicherd, "International Law and the War in Kosovo," *Survival*, vol. 41, no. 2（Summer 1999）, pp. 19-30.

（72） Colin S. Gray, "Deterrence in the New Strategic Environment," *Comparative Strategy*, vol. 11（1992）, p. 262.

（73） Jean-Marie Guéhenno, "The Impact of Globalisation on Strategy," *Survival*, vol. 40, no. 4（Winter 1998-99）, p. 8.

（74） 現代の紛争の類型については、以下の文献を参照せよ。加藤朗「第1章　脱冷戦後世界の紛争の背景と類型」加藤朗編『脱冷戦後世界の紛争』南窓社、一九九八年、一二一～三三頁。

（75） フリードマンは、「当面、戦争は必要に迫られてしかたなく行うものではなく、選択できるオプションとなった（a matter of choice）」と述べている。Lawrence Freedman, *The Revolution in Strategic Affairs*, Adelphi Paper 318（London: International Institute for Strategic Studies, 1998）, p. 34.

（76） フリードマンは、将来の戦争を考える上での重要な要素として、「交戦主体が敵の市民社会を目標にするかしないか」という問題を提起している。つまり、交戦国双方が戦場における軍同士の対決の結果をそのまま受け入れる意志があるかどうかということである。もし、戦場において敗北した側がこれを受け入れる意志をもたないのであれば、その戦争は「市民社会」（つまり「国民」のレベル）に持ち込まれることになるのである。Lawrence Freedman, "The Changing Forms of Military Conflict," *Survival*, vol. 40, no. 4（Winter 1998-99）, pp. 41-42.

（77） Department of Defense, *Kosovo/Operation Allied Force After-Action Report*, report to Congress, January 31, 2000, available at http://www.defenselink.mil/pubs/kaar02072000.pdf, p. 6.

（78） Steven Simon and Daniel Benjamin, "America and the New Terrorism," *Survival*, vol. 42, no. 1（Spring 2000）, pp. 59-75.

（79） Keaney and Cohen, *op. cit.*, pp. 66-71 and 239; and Gordon and Trainor, *op. cit.*, pp. 77-101 and 242.

（80）一方、「政治目的」に力点を置いたブレア英国首相はコソヴォ紛争を「正義の戦争（just war）」と呼んだ。また、コソヴォにおける事態を広い文脈のなかに位置づけたフィッシャー独外相は、これを「コソヴォでの戦争」と呼びはしたが、この戦争は「今週になって始めて始まったのではない」と述べ、コソヴォにおける事態をコソヴォ内戦の終局の形態であると解釈した。佐瀬昌盛「『コソヴォ戦争』の国際法上の性格」『防衛大学校紀要』第八〇輯（二〇〇〇年三月）一七〜二二頁。

（81）納家政嗣は、こうした二つの安全保障論を「相互に排他的とは考えない」として、「むしろ各論において両者の連関を理論的に探るべき」であると述べている。納家政嗣・竹田いさみ編『新安全保障論の構図』勁草書房、一九九九年、一一頁。

（82）Lawrence Freedman, "International Security: Changing Targets," *Foreign Policy*, no. 110（Spring 1998）, p. 61.

（83）Gray, "Deterrence in the New Strategic Environment," p. 259.

（84）Freedman, "Terrorism and Strategy," p. 57.

（85）Lawrence Freedman, "Introduction," in Freedman, ed., *Strategic Coercion*, p. 3.

おわりに

本書が提起した問いかけ、つまり「二一世紀において軍事力は政治の手段たりうるか」という問題に対して、われわれは肯定的な回答を提示した。つまり、われわれは「戦争は政治の手段であるべきである」という命題はその意義を失っておらず、軍事力を政治の重要な手段のひとつとして有効に使用するための努力は見通しうる将来にわたって続けられるであろうという判断を下したのである。しかし、このことは、われわれが軍事力の有用性について楽観していることを意味するものではない。むしろ、クラウゼヴィッツの命題を検討していく過程でわれわれが再認識したことは、彼の命題を現実に適用するためには極めて高度な人間の英知と努力が求められるという事実であった。

本書の第一章では、クラウゼヴィッツの命題とは正反対に政治が軍事の手段に堕してしまった第一次世界大戦における経験の検討を行い、政治目的のための軍事力使用の理念型ともいえる「決定的勝利」を獲得することが現実には極めて難しいとの指摘を行った。第二章では、近年において国軍以外の軍事組織——テロリスト集団、民間の傭兵会社——が再浮上しているものの、国軍は依然としてもっとも正当な軍事組織の地位を占めつづけ、今後、地球規模において国民国家システムを維持することが国軍の重要な役割になるとの展望を示した。第三章では、戦争が政治的知性に導かれ、外交—軍事戦略的合理性にのっとったものになるためには、政府が軍をよく掌握している政軍関係が成立していることが必要不可欠であるが、その一方、今日の世界において政軍関係を規律する規範的概念とされているのは、外交—軍事戦略的合理性を追及する観点からではなく、国内政治的な観点からリベラル・デモクラシーの原則にたって定められたシビリアン・コントロールであり、そのため軍を指導する政府は二律背反的な困難に直面する可能性があるとの問題提起を行った。第四章では、情報技術革命が、倫理的に戦争を遂行できる技術的裏付けを与え、軍事力の役割を高める結果をもたらしている一方、非国家主体に国家と対等に対抗できる技術的可能性を開くことによって国家による軍事力の独占体制を崩壊させつつあることを指摘した。そして、第五章では、「強者」である西側先進諸国が、政治の手段としての軍事力の有用性を向上させるためにRMAという新種の「西側流の戦争方法」を発展させているのに対し、「弱者」は「非対称戦略」によって応じようとしているとの分析を提示した。

これらはすべて、「戦争は政治の手段であるべきである」という命題を二一世紀を迎える現在の諸条件のもとで考えるとき、われわれが直面する問題の困難さをさし示すものであろう。不確実性が高く、しかもダイナミックに変化する現在の戦略環境のなかにあって「政治」「軍事」「国民」「技術」「時代精神」という五つの要素を包括的に理解し、軍事力を政治の手段としてしっかりと掌握するのは容易なことではない。しかし、それを認識しながらも、敢えてこうした努力を行うべきであるというのが本書のメッセージである。新世紀を迎えるにあたって日本がこうした問題を避けて通ることは不可能である。多くの対立をかかえながらも、今日人類が現代文明の恩恵を享受することができるのは、広い意味で軍事力を政治の手段として飼い馴らすのに成功してきたことによる賜物である。日本が新世紀に向けての進路を模索するにあたって、本書が何らかの参考になるのであれば、これに勝る喜びはない。

本書は、加藤、長尾、吉崎、道下が執筆した前書『戦争―その展開と抑制』(勁草書房、一九九七年)の続編でもある。前書は、幸いに防衛学会から第九回加藤賞(防衛著書出版奨励賞)受賞の栄にあずかるなど読者からの好評を頂くことができたが、同時にいくつかのご批判も頂戴した。なかでもわれわれが最も身につまされたご批判として「政治と軍事の関係という本質的な問題が十分扱われていない」というものがあった。実のところ、われわれの間で、前書を著すにあたって政治と軍事の問題も扱うべきではないかとの考え方はあった。そして、この問題がその冒頭に掲載されるにふさわしい重要性をもっているとの認識も共有していた。しかし、われわれが下した結論は、「政治と軍事の問題はあまりにも重要であり、あまりにも広範にわたるものであるため、ひとつの章で扱うのは不可能である」というものであった。その代わりに前書が出版されるのと期を一にして、改めて「政治と軍事」の問題についての考察を深める研究を開始した。その成果が本書である。

われわれが戦争の問題についての私的な研究会を始めたのは一九九五年のことであった。従って、政治と戦争の関係という問題に対して、われわれとしての一定の答えを出すのに五年間かかったということができる。しかし、これは決して長い時間ではなかろう。クラウゼヴィッツが『戦争論』の執筆を始めてから政治と戦争の関係についての彼の理論の核心部分が形成されるまでには一〇年以上かかっている。非才なわれわれがその半分の歳月で、不完全ながらも一定の答えを出すことができたのは、「蒼蠅《そうよう》、驥尾《きび》に付して千里を致す」という言葉のごとく、ひとえに先人が遺してくれた思索の跡につき従って考察の歩を進めることができたためであった。また、安全保障に対する共通の関心をもちながらも異なる専門を背景とするわれわれが、このような共同研究を行うことができたのは、防衛研究所が安全保障に関する知的フォーラムを提供してくれたがゆえである。

最後になったが、本研究を進めるにあたって暖かいご配慮とご支援を下さった防衛研究所の皆様に深く感謝したい。また、防衛研究所図書館のスタッフの皆様には、資料収集の面で多くのご協力を頂いた。改めて感謝したい。そして、前書に続いて本書の意義を認め、出版をご快諾下さった勁草書房の田中一照氏に対して厚く御礼を申し上げたい。

二〇〇〇年六月

著者一同

現代戦略論　戦争は政治の手段か

2000年12月15日　第1版第1刷発行

著者　道下徳成
石津朋之
長尾雄一郎
加藤朗

発行者　井村寿人

発行所　株式会社　勁《けい》草《そう》書房

112-0005 東京都文京区水道2-1-1　振替　00150-2-175253
電話（編集）03-3815-5277／FAX 03-3814-6968
電話（営業）03-3814-6861／FAX 03-3814-6854

印刷／日本フィニッシュ・牧製本

ISBN　4-326-30139-2

加藤　朗・長尾雄一郎・吉崎知典・道下徳成

戦争──その展開と抑制

A5判・上製本・二八〇〇円

戦争は人類の歴史において、繰り返し際限なく続いているが、いまだ人類破滅への「絶対戦争」にまでは至らない。かつてプロイセンの軍事思想家クラウゼヴィッツは、この「絶対戦争」という概念を提示した。しかし、これは現実の対応物を持たない理念型にすぎず、現実世界において戦争は無限に拡大することはない。それでは何が戦争を制約するのか。

本書は、安全保障研究の俊英が中心となり、国家、内政、国際社会、技術、倫理の各観点から戦争の制約条件を考察し、新たな視点から二一世紀も地球上から消えることはないであろう「戦争」の実態解明に挑戦した。

＊表示価格は二〇〇〇年一二月現在のものです。消費税は含まれておりません。

国民国家　47, 54, 59, 61, 65, 67-69, 71, 73, 83, 85, 96
国家間システム　53-55, 58-60, 63-67, 70-71
国家相互支援システム　65-66
国家ミサイル防衛（NMD）　117, 123, 125
コソヴォ紛争　66-67, 116, 122, 126, 132-133, 139, 148, 153, 155, 173-175, 177, 180, 182
孤立主義的世界大国　120-123
コンクリート爆弾　114
コンピュータ・ウィルス　105

さ　行

最高緊急事態　115
三権分立制　87, 89
三重構造体　47, 62, 70, 73, 94, 96
三十年戦争　35, 61
「三位一体」（クラウゼヴィッツ）　15, 40, 164
支援体　100, 102, 117, 130-132, 135-136
志願制　50
指向性エネルギー兵器（DEW）　99, 109
死傷者ゼロドクトリン→ポスト・ヒロイック・ウォー
時代精神　25-26, 39, 41-44, 142, 166, 171
私拿捕船　49, 51, 55-56, 58, 73
失地回復運動　28, 67
指導者の断頭　171-174, 181-182
自動性　159
支配　146-151, 154, 166
シビリアン・コントロール　74, 76, 80, 84-87, 89-94, 96-97, 141
宗教戦争　13, 80
周辺における戦争　95
主権国家　63-66
主要戦争　26-30
商社の軍隊　49, 53
常備軍　49, 51, 59, 73, 82
情報技術革命　第4章
情報技術兵器　120-125, 127, 130, 134
情報戦　102, 104, 180-181
情報戦略拠点　106
情報の傘　117-120
消耗戦略　7, 150
人道介入　175, 182
心理的保証　149, 162-163, 184
スペイン　52, 55-56
スペイン内戦　50, 84
スロベニア　65
政軍関係　48, 73, 75, 79, 97, 141
政軍両指導部の共同責任　92-93
制止　154-159, 162
政治指導者　74, 76, 95, 97
政治的軍人　78-79
政治的断頭　172, 174, 181-182
政治的知性　95-96
政治統制　86
政党政治　78-79
精密誘導兵器　100, 107, 115-117, 131, 167, 179, 181
絶対王政国家　49, 71
絶対戦争　109
瀬戸際政策　158
戦域ミサイル防衛（TMD）　109, 117, 119, 125
専守防衛（日本）　167

戦争の霧　15
戦争の工業化　63
『戦争論』　3-5, 12-13, 15, 40
前方展開戦力　184
殲滅戦略　7, 150
戦略情報打撃戦（SIW）　180-181
戦略防衛構想（SDI）　109, 124, 162
促進　154-159, 162-163
ソマリア　94, 115-116, 123, 169, 177
ソ連共産党　87
ソルジャー・オブ・フォーチュン　50

た　行

第一次世界大戦　7-10, 16-18, 22-23, 33, 43, 74, 108, 112-113, 127-128, 130, 133, 139
対価値戦略　168-172, 178-181
対指導部戦略　172-174, 181-182
第二次世界大戦　17-18, 21, 23, 32, 108, 110, 113, 115, 128-129, 131, 169-170
対兵力戦略　165-170, 172-173, 179-181
大量破壊兵器　113, 125, 127, 133, 144, 170-171, 176, 179
台湾海峡危機　159
多国籍軍　66, 133, 151-153, 155, 171, 181
多元的安全共同体　132
弾道ミサイル　139, 152, 168-170, 180
弾道ミサイル防衛（BMD）　180
チェチェン　48
地球社会武力紛争（GASC）　101, 130, 134, 138
中間団体　80
中世　49-50, 64, 70, 81
中立　55-56, 58-59, 112
中立法　56, 58
直接的抑止　161, 185
低強度紛争（LIC）　126, 130, 134
デモクラシー　84-85
テロ対策　48, 180
テロリスト　48, 61-62, 172, 185
テロリズム　148, 170, 172, 176, 179-180, 185
電脳──
　電脳空間　100, 102-105
　電脳軍　103
　電脳攻撃　106
　電脳戦　105-106
　電脳テロ　106
　電脳部隊　106
　電脳兵器　100, 105-106
　電脳兵士　105
ドイツ統一戦争　16-17, 21
統制派　78
透明性　158-160
都市国家　64
トリップワイヤー　122, 159

な　行

内閣　80, 89
内戦　90
ナチ　78-79, 87
ナポレオン戦争　15, 21, 47, 49, 56, 74
西側流の戦争方法　179-180
「二重の問題」（ハワード）　91

日本の軍部　78-79
日本流の戦争方法　45-46
ネーション・ビルディング　67

は 行

破壊体　99, 107-111, 113-114, 117, 128-130, 135-136
ハーグ平和会議　113
破綻国家　67, 71, 94
発射体　99莱100, 107-108, 110, 117, 129-130, 135-136
ハドソン湾会社　53, 57
パリ条約（1856年）　51, 55
ハンザ同盟　64
『東アジア戦略報告』　163
東ティモール　67, 69, 71
非国家主体　53, 66, 70, 101, 134, 176, 184
非殺傷兵器　107
非対称戦争　35
非対称戦略　180-181
フィリバスター　53, 60
普墺戦争　16-17, 21
付随的被害　100, 173, 180
普仏戦争　16-17, 20-21
プライベート・アーミー　50, 53, 61, 70
フランス革命　6, 15, 29, 47, 83, 85, 101, 128
フランス軍外人部隊　54
分離独立運動　28, 65, 67
平和維持活動（PKO）　66, 69, 71, 116, 123, 156, 184
ペトリオット地対空ミサイル　155-156
ポスト・ヒロイック・ウォー　35-37, 42, 94, 116

ま 行

マグナカルタ　81
「摩擦」（クラウゼヴィッツ）　15, 35, 62, 157
麻薬対策　66
民主主義による平和論　27, 32, 38-39
名誉革命　82

や 行

役割構造　76
ユーゴ　48, 65, 67, 116, 148, 153, 155, 173-174, 176, 180, 183
傭兵　49-50, 56, 58-59, 101, 132, 137
傭兵会社　62, 68, 70
抑止　69, 122, 124, 133-134, 140, 146, 152-154, 157-162, 164, 167, 175, 177-178, 182-185

ら 行

ラインラント進駐　86
利益集団　77
リベラリズム　27, 81, 85, 91
リベラル・デモクラシー　75, 85-87, 97
例示的な軍事力行使　151
ロシア　28, 30, 55, 123-125
ロジック・ボム　105

わ 行

ワイマール共和国　78
湾岸戦争　18, 29, 43, 45, 66, 69, 71, 115, 121-122, 132-133

ＢＭＤ→弾道ミサイル防衛
$Ｃ^{3}$Ｉ（指揮・統制・通信・情報）
$Ｃ^{4}$Ｉ（指揮・統制・通信・コンピュータ・情報）
ＤＥＷ→指向性エネルギー兵器
ＧＡＳＣ→地球社会武力紛争
ＧＰＳ→地球測位システム
ＫＥＷ→運動エネルギー兵器
ＬＩＣ→低強度紛争
ＮＡＴＯ→北大西洋条約機構
ＮＭＤ→国家ミサイル防衛
ＰＫＯ→平和維持活動
ＲＭＡ→軍事上の革命
ＳＤＩ→戦略防衛構想
ＴＭＤ→戦域ミサイル防衛

人名索引

イーストン（David Easton）　78
ウェーバー（Max Weber）　35, 48, 60, 70, 80
オルブライト（Madeleine K. Albright）　139, 140
キーガン（John Keegan）　11, 12, 14, 32, 36
ギデンズ（Anthony Giddens）　60, 63
クラウゼヴィッツ（Karl von Clausewitz）　3, 4, 5, 6, 10, 11, 12, 13, 14, 15, 21, 30, 32, 35, 39, 40, 41, 45, 47, 60, 62, 73, 74, 95, 96, 100, 107, 109, 111, 112, 116, 128, 137, 142, 143, 157, 164
クレフェルト（Martin van Creveld）　10, 11, 12, 13, 14, 32, 61
コルベット（Julian S. Corbett）　140, 141
ジェファーソン（Thomas Jefferson）　56
シェリング（Thomas C. Schelling）　160, 161
シュライヘル（Kurt von Schleicher）　78
ジョミニ（Antoine Henri de Jomini）　5, 6
田中明彦　70
チェイニー（Richard Cheney）　153
デルブリュック（Hans Delbrück）　6, 7, 8, 9, 10, 30, 39, 69
ドゥーエ（Giulio Douhet）　168
トゥキュディデス（Thucydides）　14, 19, 31
ドレイク（Francis Drake）　52
トレヴェリアン（George Macaulay Trevelyan）　88
ナポレオン（Napoleon I）　6, 8, 21, 83
パウエル（Colin Powell）　139
ハワード（Michael Howard）　19, 40, 91
ハンチントン（Samuel P. Huntington）　75, 89
ヒトラー（Adolf Hitler）　22, 86
ビスマルク（Otto von Bismarck）　16, 17, 20, 21
フセイン（Saddam Hussein）　152, 153, 180, 182
ブッシュ（George Bush）　153
フランコ（Francisco Franco）　84
フリードマン（Lawrence Freedman）　37, 185
ホッブス（Thomas Hobbes）　61
ボンド（Brian Bond）　16, 17, 19
マキャベリ（Niccolo Machiavelli）　51
マンデルバウム（Michael Mandelbaum）　25, 26, 27, 28, 29, 30, 31, 32, 33
ミロシェビッチ（Slobodan Milosevic）　173, 180
モルトケ(大)（Helmuth von Moltke, the elder）　6, 16, 17
モンテスキュー（Baron de Montesquieu）　88
ルトワック（Edward N. Luttwak）

22, 24, 25, 35, 37, 42, 68, 94, 160
ローリー（Walter Raleigh）　52
ワレンシュタイン（Albrecht Wallenstein）　50

■著者略歴

道下　徳成（みちした　なるしげ）――第五章

1965年，岡山県生まれ。1990年，筑波大学国際関係学類卒業。同年，防衛研究所入所。1994年，ジョンズ・ホプキンス大学高等国際問題研究大学院（SAIS）修士課程（国際関係学・国際経済学）修了。

現在：防衛研究所助手

専門：戦略論，朝鮮半島問題

共著書：『大量破壊兵器不拡散の国際政治学』有信堂高文社，『戦争―その展開と抑制』勁草書房，『北朝鮮―崩落か，サバイバルか』サイマル出版会

石津　朋之（いしづ　ともゆき）――第一章

1962年，広島県生まれ。1991年，ロンドン大学キングスカレッジ大学院修士課程（戦争研究）修了。1993年，防衛研究所入所。1997～99年，オックスフォード大学大学院国際関係学部スワイア・スカラー。

現在：防衛研究所主任研究官

専門：戦争研究（歴史，理論），戦略思想

論文："The Japanese Way in Warfare: Japan's Grand Strategy for the 21st Century," *Korean Journal of Defense Analysis* 他

長尾　雄一郎（ながお　ゆういちろう）――第二章，第三章

1956年，東京都生まれ。1979年，東京大学農学部卒業。1987年，防衛研究所入所。1994年，青山学院大学より博士号（国際政治学）授与。

現在：防衛研究所第1研究部第1研究室長

専門：国際政治学，政治学（政軍関係論）

著書：『英国内外政と国際連盟―アビシニア危機 1935-36 年』信山社，『戦争―その展開と抑制』（共著）勁草書房

加藤　朗（かとう　あきら）――第四章

1951年，鳥取県生まれ。1975年，早稲田大学政治経済学部政治学科卒業。1981年，早稲田大学大学院政治学研究科国際政治専攻修士修了。1981～96年，防衛研究所。1996年～，桜美林大学国際学部

現在：桜美林大学国際学部助教授

専門：国際政治（理論，紛争）

著書：『現代戦争論』中公新書，『21世紀の安全保障』南窓社，『戦争―その展開と抑制』（共著）勁草書房

事項索引

あ 行

アフガニスタン戦争　94, 126
イスラエル　13, 132-133, 155-156
一般的抑止　161, 184
イラク　123, 125, 133-134, 147, 151-153, 155, 171, 174, 176, 181
ウィーン体制　49
ウェストファリア条約　36, 49, 64
ウェストミンスター・システム　82, 87, 88
ヴェトナム戦争　35, 37, 45, 90, 113, 126-127
運動エネルギー兵器（KEW）　99, 107, 109-110
運搬体　100, 102, 111, 129, 135-136
英国東インド会社　53, 57
衛兵主義の政治　77, 79
エスニック・クレンジング（民族浄化）　67
王朝戦争　132, 137
オランダ東インド会社　53

か 行

外国傭兵法　56, 58
海賊　52, 66
核兵器　15, 31, 36, 61, 137, 139, 162, 170
カンボジア　66-67
議院内閣制　87-88
議会　82, 85
議会主権（英国）　82
犠牲者なき戦争→ポスト・ヒロイック・ウォー
北大西洋条約機構（NATO）　66, 116, 124-125, 148, 153, 155, 160, 162, 175, 180, 182-183
北朝鮮　122-123, 132-133, 152, 159, 170, 180
旧ユーゴ戦争犯罪国際法廷　173
狂人理論　159
強制　146-154, 156, 166, 172, 178
強要　70, 146, 152-153, 155-159, 162, 180, 185
「偶然の要素を残す脅迫」（シェリング）　160
クーデター　78, 83-84, 91, 93, 172
クラッキング　105
クロアチア　65
軍事上の革命（RMA）　34-36, 94, 117, 120-127, 134-135, 178-179, 180
軍事的天才　15
軍事力の直接的行使　149-151, 154-156
軍事力の間接的使用　152-156
軍隊　47, 49-50, 53-54, 59-60, 71
「権力の容器」（ギデンズ）　63
交戦権　55
皇道派　78
国王大権　81
国軍　47-48, 53, 55, 60, 62-63, 68-69, 71, 96
国際秩序　48, 53, 61, 184
国際連合　42, 63, 142, 173, 176, 182
国内の平定　59, 63, 65